RÉPUBLIQUE FRANÇAISE

MINISTÈRE DE L'AGRICULTURE

DIRECTION DE L'ENSEIGNEMENT ET DES SERVICES AGRICOLES

OFFICE DE RENSEIGNEMENTS AGRICOLES

CULTURE
PRODUCTION ET COMMERCE DU BLÉ
DANS LE MONDE

PARIS
IMPRIMERIE NATIONALE

1912

CULTURE

PRODUCTION ET COMMERCE DU BLÉ

DANS LE MONDE

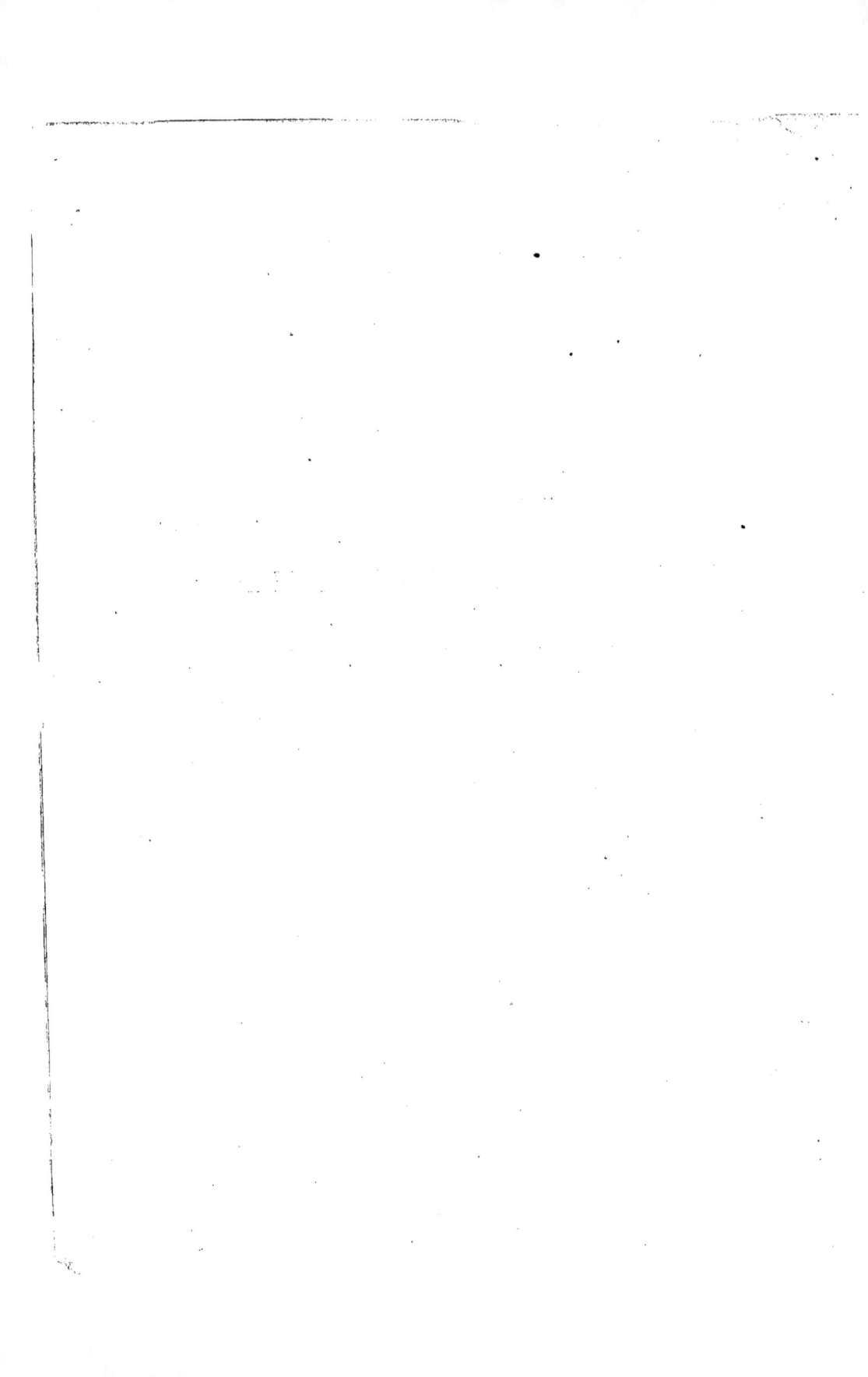

RÉPUBLIQUE FRANÇAISE

MINISTÈRE DE L'AGRICULTURE

DIRECTION DE L'ENSEIGNEMENT ET DES SERVICES AGRICOLES

OFFICE DE RENSEIGNEMENTS AGRICOLES

CULTURE
PRODUCTION ET COMMERCE DU BLÉ
DANS LE MONDE

PARIS

IMPRIMERIE NATIONALE

1912

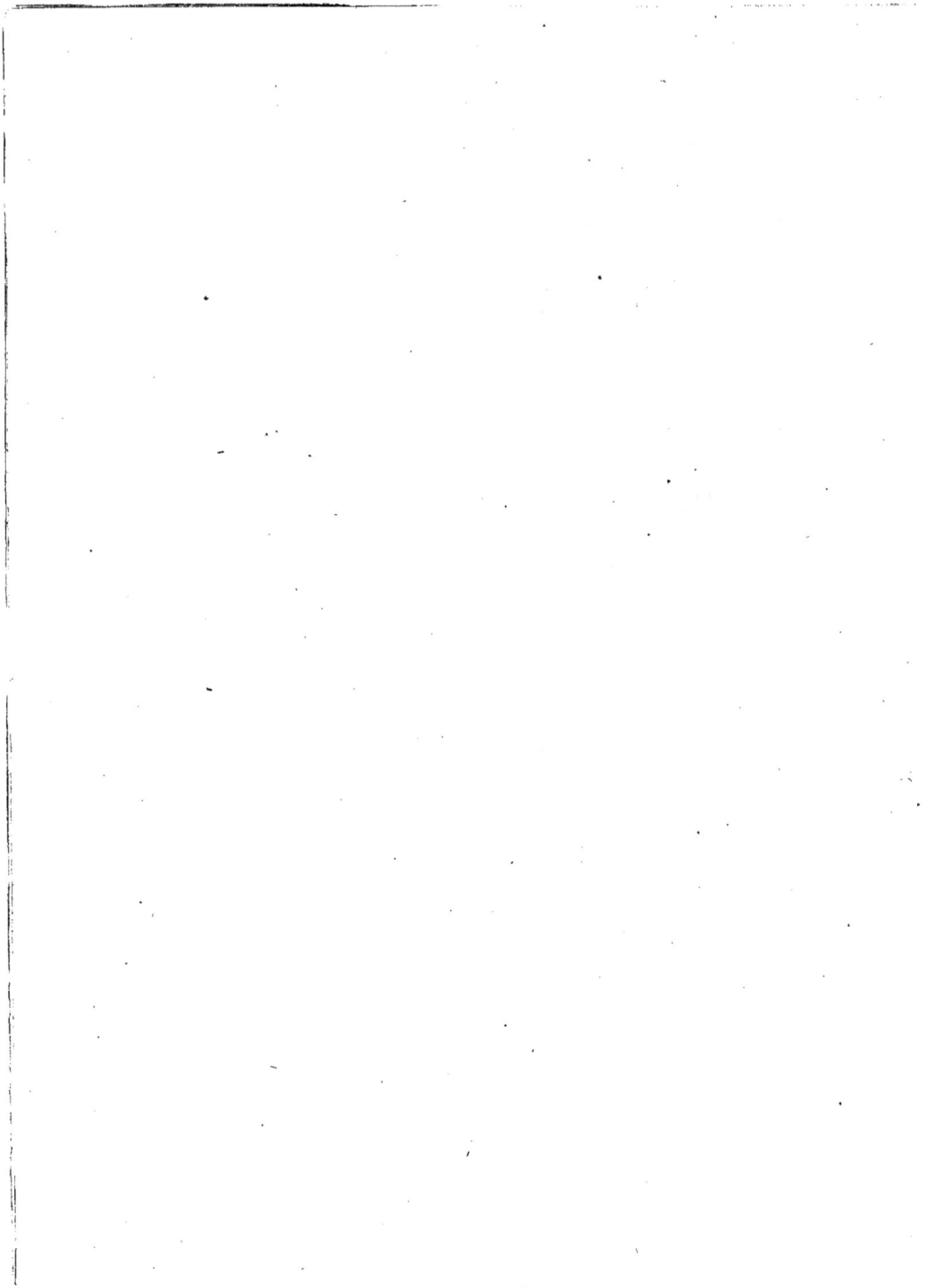

AVANT-PROPOS.

La crise de la « Vie chère », qui figure depuis quelques années au premier rang des phénomènes de la vie économique mondiale, a provoqué au cours des deux dernières années les vives appréhensions de la masse des consommateurs et surtout celles de la classe ouvrière.

Dans la plupart des nations, en effet, principalement en Europe, une hausse progressive s'est manifestée sur presque toutes les denrées alimentaires, et notamment sur celles qui sont de première nécessité : le pain, la viande, les produits de laiterie, les pommes de terre, etc. Au cours de l'année 1911, ce renchérissement a présenté un tel caractère d'acuité que, dans maintes régions de France, d'Allemagne, de Belgique, d'Autriche, etc., les consommateurs ont manifesté leur mécontentement avec une violence, à vrai dire, souvent exagérée.

Les études multiples auxquelles cette crise économique a donné lieu, tant en France qu'à l'étranger, ont fait ressortir que ses causes peuvent être groupées en deux catégories :

1° Causes accidentelles;

2° Causes permanentes.

Il est indéniable qu'au cours des années 1910 et 1911, les dommages profonds occasionnés à l'agriculture par des circonstances climatériques défavorables (longues périodes de sécheresse, ou d'humidité, épizooties) ont influé, dans une large mesure, sur la hausse des cours de la plupart des produits agricoles.

Mais, en dehors de ces événements fortuits, des facteurs d'un autre ordre ont provoqué, depuis le début du siècle, une hausse progressive du coût de la vie.

Les économistes sont unanimes à reconnaître que le relèvement général des salaires, la recherche du bien-être et du confortable, l'abandon de la stricte frugalité d'autrefois, le développement des besoins, l'augmentation constante de la consommation dans l'ensemble des pays d'Europe, doivent être considérés comme les principales causes permanentes de cette crise économique.

D'autre part, dans toutes les nations, le Pouvoir législatif s'est appliqué à améliorer les conditions du travailleur par le vote de lois sociales qui ont provoqué un accroissement du prix de revient des produits agricoles et industriels. En France, on peut citer les lois sur le repos hebdomadaire, sur les accidents du travail, sur la protection des femmes et des enfants, sur les retraites ouvrières et paysannes, sur l'assistance des vieillards, etc. Toutes ces lois, inspirées par un sentiment de justice et d'humanité qu'on ne saurait trop louer, ont exercé sur l'élévation des prix une influence très sensible.

De plus, en ce qui concerne l'agriculture, en dehors de l'augmentation des charges fiscales et sociales, la rareté de plus en plus grande de la main-d'œuvre contribue dans une large mesure à accroître les frais généraux qui grèvent la production.

Quel que soit le bien fondé de cet ensemble de circonstances, la masse des consommateurs n'accepte pas avec résignation d'en supporter les conséquences, surtout lorsqu'elles se manifestent par un renchérissement des matières alimentaires de première nécessité.

Aussi, les hauts cours pratiqués sur le marché du blé en France depuis près de deux années ont-ils soulevé les vives protestations de la classe ouvrière, qui a facilement admis la thèse d'après laquelle l'agriculture et le régime douanier actuel sont considérés comme seuls responsables de la situation présente.

Dans une nation comme la France, où le blé constitue la base essentielle de l'alimentation, les conditions d'approvisionnement de cette denrée pour l'ensemble du pays doivent être suivies de très près par le Gouvernement, car toute perturbation dans les cours donne naissance à un phénomène économique parfois très complexe, eu égard à la diversité des intérêts en présence. En effet, si l'intérêt général exige que la vie à bon marché soit à la portée de tous, il importe cependant que le producteur ne soit point sacrifié. L'abondance d'une marchandise constituant l'élément fondamental de son bon marché, il est clair que le meilleur moyen de réaliser cette condition consiste à ne pas décourager la production dans sa source même, et à conserver des prix de vente essentiellement rémunérateurs. Pour la culture, comme pour toutes les autres industries, la prospérité n'est possible que si elle possède la certitude de trouver toujours dans l'écoulement de ses produits la juste rémunération de son travail. Or, si l'on considère que l'agriculture constitue en France l'industrie du très grand nombre, on conçoit que, dans toute question où les intérêts de la production et de la consommation doivent être conciliés, il y ait un problème particulièrement difficile à résoudre.

Il ne faut pas oublier à ce point de vue que, sur une population de 38,000,000 d'habitants environ, la France compte, d'après la dernière statistique décennale, une population agricole de 17,435,888 personnes se répartissant comme suit :

Travailleurs agricoles (propriétaires, fermiers, métayers, ouvriers agricoles). 6,663,135

Familles des travailleurs agricoles (femmes, vieillards, enfants) 10,772,753

TOTAL . . . , ... 17,435,888

soit 45 p. 100 de la population totale, qui est intéressée plus ou moins directement à la production du blé.

D'un autre côté, des considérations économiques et culturales sur lesquelles il n'y a pas lieu d'insister ici exigent impérieusement que la culture du blé conserve dans nos campagnes la place prépondérante qu'elle y occupe actuellement. Une réduction importante de la superficie occupée par cette céréale dans notre pays ne saurait être envisagée, car elle exercerait dans les conditions de l'exploitation du sol des perturbations extrêmement profondes, dont les conséquences seraient très funestes à l'agriculture et, par suite, aux intérêts généraux du pays tout entier.

Pas plus aujourd'hui qu'en aucun autre temps, le Gouvernement n'a méconnu la tâche qui lui incombe et la portée de ses responsabilités en présence d'une situation si délicate.

La question est loin d'être aussi simple qu'elle peut le paraître pour quiconque ne l'envisage pas dans tous ses détails. A la vérité, la solution qui consiste dans une suspension momentanée du droit de douane sur les blés n'est pas nouvelle. A la suite de la récolte très déficitaire de 1897, les prix s'élevèrent brusquement au printemps et le Gouvernement, après enquête sur les disponibilités de la culture et du commerce, résolut, non sans hésitation, d'user des pouvoirs que lui confère la loi en l'absence des Chambres. Il décida non pas de réduire, mais de supprimer complètement les droits sur les blés jusqu'au 1er juillet suivant. Or, cette mesure, prise par décret du 4 mai 1898, fut adoptée en vue de remédier à une crise analogue à celle d'aujourd'hui. Les résultats obtenus ne sont pas de nature à encourager le Parlement à renouveler une expérience qui causa une amère déception aussi bien aux consommateurs, qu'aux agriculteurs. Aux premiers, en effet, elle ne procura qu'un avantage insignifiant, voire même dérisoire, car, contrairement aux prévisions, le prix de l'hectolitre ne fléchit que de 2 à 3 francs, et encore cette baisse ne fut-elle pas immédiate. Par contre, les importations considérables, effectuées durant la période de suspension des droits, permirent la constitution d'un stock extrêmement important, qui pesa sur le marché intérieur pendant plusieurs années et porta à la production nationale un préjudice énorme. On put constater alors que, contrairement aux prévisions des Pouvoirs publics, la spéculation seule avait été largement favorisée par cette funeste tentative.

Il en eût été vraisemblablement de même au printemps dernier si le Parlement, se laissant entraîner par les efforts des partisans du libre échange, avait pris une décision contraire à celle que lui proposaient d'un commun accord les Ministres de l'Agriculture et du Commerce. Il reconnut fort heureusement qu'il était absolument inutile de bouleverser inconsidérément le système économique protecteur de l'agriculture, puisqu'une pareille mesure ne pouvait exercer qu'une action illusoire sur les cours, tout en présentant, sans aucun doute, des dangers très réels pour la prospérité de l'agriculture nationale.

Toutefois, lors de la discussion, à la Chambre des Députés, du projet de loi portant modification du régime de l'admission temporaire des blés (2e séance du 31 mai 1912), M. Loth, rapporteur de la Commission des douanes, s'exprimait ainsi : « Notre régime douanier étant, « avant tout, un régime de compensation des frais généraux de production, si l'on veut résoudre « le problème de la réduction des droits d'une façon scientifique et non sous l'impression de cir- « constances passagères, il est de la plus élémentaire logique que nous soyons exactement ren- « seignés non seulement sur le prix de revient des grands pays exportateurs, mais encore sur « l'extension que ces pays sont encore à même de donner à leurs cultures de céréales, et, en « disant cela, nous pensons surtout à la Russie, à la République Argentine et au Canada. »

Le Gouvernement était décidé à montrer que, dans l'étude de ces questions délicates, il était prêt à examiner toutes les revendications, et à prendre toutes les dispositions dont la nécessité lui serait démontrée. Aussi, par l'organe du Ministre du Commerce et de l'Industrie s'engagea-t-il, devant le Parlement, à faire effectuer l'enquête qui lui était demandée.

Une grande partie de cette enquête, et son initiative même, incombaient au Département de l'Agriculture. Avant tout, il convenait de préciser les pays ainsi que les éléments d'étude sur lesquels elle devait porter. C'est à cet effet que le Ministre de l'Agriculture a cru indispensable de faire établir, tout d'abord, des statistiques comparatives sur la production et le commerce du blé dans le monde, en y comprenant les transactions auxquelles donne lieu la farine de froment. Cette procédure paraissait d'autant plus indiquée à suivre que la Commission des blés, siégeant au Ministère du Commerce, avait, de son côté, exprimé le vœu qu'avant sa prochaine séance, l'Administration de l'Agriculture réunît tous documents statistiques relatifs aux mêmes questions.

L'Office de renseignements agricoles a été chargé de recueillir ces informations. Elles font l'objet du présent travail. Les données numériques relatées dans les diverses statistiques étrangères en ce qui concerne les superficies cultivées, la production, les importations, les exportations de blés et de farines ont été converties en mesures françaises, et des tableaux généraux ont été établis pour permettre de procéder à des comparaisons d'ensemble.

***

Si l'on jette un coup d'œil sur la carte du monde, on peut constater que la culture du froment est très inégalement répartie à la surface du globe. Les plus importantes superficies cultivées sont surtout situées dans la zone tempérée de l'hémisphère Nord, entre le 30e et le 60e degré de latitude Nord. Un autre centre important de production se trouve, dans l'hémisphère Sud, compris entre les mêmes degrés (30 à 60) de latitude Sud. Le froment occupe, en outre, des surfaces assez étendues dans les régions chaudes de l'Inde, de la Perse, de la Turquie d'Asie, de l'Égypte, de la Tunisie et de l'Algérie.

Cette répartition de la culture du blé dans le monde a pour conséquence de faire varier, dans les différents pays, l'époque de la moisson selon la latitude et le climat. Ce phénomène, en raison de la rapidité des communications et de la puissance des moyens de transport, permet de parer à toutes les éventualités, à tous les besoins de l'alimentation et d'assurer la subsistance de la population dans les pays où une mauvaise récolte a raréfié, outre mesure, les stocks disponibles. La moisson, dans les principaux pays du monde, se fait généralement aux époques suivantes :

Janvier. — Australie, Nouvelle-Zélande, Chili, République Argentine.

Février-mars. — Indes Britanniques, Haute-Égypte.

Avril. — Mexique, Égypte, Turquie d'Asie, Perse, Syrie, Asie Mineure, Cuba.

Mai. — Afrique septentrionale, Asie centrale, Chine, Japon, Texas et Floride.

Juin. — Californie, Espagne, Portugal, Italie, Grèce, Orégon, Louisiane, Alabama, Géorgie, Kansas, Colorado, Missouri.

Juillet. — Roumanie, Bulgarie, Hongrie, Autriche, France, Russie méridionale, Minnesota, Nouvelle-Angleterre, Haut-Canada.

Août. — Angleterre, Belgique, Hollande, Allemagne, Danemark, Pologne, Bas-Canada, Manitoba, Colombie.

Septembre. — Canada septentrional, Écosse, Suède, Norvège.

Octobre. — Russie septentrionale.

Novembre. — Pérou et Afrique méridionale.

Décembre. — Birmanie.

La superficie cultivée en blé dans le monde, évaluée il y a 30 ans à 62 millions d'hectares environ, atteint aujourd'hui plus de 100 millions d'hectares, soit une augmentation de 67.75 p. 100.

On peut remarquer, toutefois, que la répartition de cette céréale dans les différents pays, aux différentes époques, a donné lieu à des mouvements très divers. Dans la plupart des vieux États, où les procédés culturaux sont les plus perfectionnés et où la culture intensive domine, on observe une diminution progressive de la culture du froment, lente parfois, rapide dans d'autres cas, et qui s'explique aisément par une orientation nouvelle dans l'exploitation du sol. Elle est causée notamment par l'extension de spéculations plus rémunératrices, dont le caractère principal est la localisation dans certaines régions de productions animales ou végétales, mieux appropriées aux conditions économiques actuelles.

Mais, s'il est vrai que les superficies cultivées en blé diminuent dans ces États, l'importance des récoltes ne suit pas le même mouvement, car la production moyenne par hectare s'élève progressivement, grâce aux progrès réalisés dans les méthodes culturales, malgré les variations parfois sensibles dues aux conditions météorologiques.

Cette réduction de la surface consacrée à la culture du blé s'accuse très nettement aux États-Unis, en Angleterre, en Belgique, en Hollande, en Danemark et en Suisse; on peut constater en France un faible mouvement dans le même sens, mais il y est, et au delà, compensé par l'élévation du rendement moyen par hectare, qui détermine néanmoins au total une sensible augmentation de la quantité disponible.

Dans un certain nombre de pays, ce phénomène est insensible. Pour d'autres, surtout dans les pays neufs, la superficie consacrée au froment augmente rapidement, comme en Russie, aux Indes, en Australie, dans la République Argentine et dans les États danubiens.

L'étude du tableau des rendements moyens à l'hectare dans le monde fait ressortir, pour l'ensemble, une augmentation du rendement moyen à l'hectare. Toutefois, les statistiques de la production du blé mettent en évidence le fait que la production moyenne de cette céréale à l'hectare est, dans un certain nombre de contrées, et notamment en France, sensiblement inférieure à celle obtenue dans quelques pays producteurs d'Europe, principalement dans le Royaume-Uni et en Allemagne.

Dès lors, en se basant uniquement sur la valeur absolue des données statistiques, il pourrait paraître logique d'en déduire que les méthodes de production de l'agriculture française accusent une infériorité marquée sur les procédés utilisés en Allemagne et dans le Royaume-Uni.

Ce serait là une conclusion erronée, car il importe essentiellement d'interpréter les moyennes dont il s'agit en mettant parallèlement en évidence certaines considérations d'importance capitale.

La supériorité des rendements constatés en Allemagne et dans le Royaume-Uni tient exclusivement à ce que, dans ces deux pays, le blé est cultivé, pour la plus grande part, sur des terres riches, naturellement propres à cette culture. C'est ainsi qu'en Allemagne, la production du blé est surtout localisée dans les terrains alluvionnaires de la Poméranie, du Hanovre, de la Bavière et de la Saxe. Dans le Royaume-Uni, elle est plus particulièrement développée dans les comtés de Lincoln, d'Essex, de Norfolk et de Kent.

En France, la situation est tout autre ; il n'est pas en effet dans notre pays de régions agricoles où la culture du blé n'occupe une superficie d'une certaine importance. On trouve cette céréale non seulement dans les sols riches de la Brie, du Nord, de la Beauce, mais dans toutes les régions où le sol offre des qualités suffisantes pour permettre à l'agriculteur de pratiquer cette culture. avec quelque succès.

Le tableau ci-dessous permet de juger de l'importance comparative des surfaces cultivées en blé, pour 1910, par rapport à la superficie des terres labourables et à l'étendue totale du territoire de chaque pays. On peut se rendre compte que les rendements les plus élevés sont obtenus dans les nations où la proportion de la surface cultivée en blé est la plus faible par rapport à celle des terres labourables et à celle de l'ensemble du pays ; ce qui prouve que, d'une façon générale, le blé n'y est cultivé que sur les meilleures terres.

NOMENCLATURE DES PAYS.	RENDEMENT MOYEN décennal à l'hectare en quintaux.	PROPORTION P. 100 DE LA SUPERFICIE CULTIVÉE EN BLÉ	
		par rapport à la superficie de terres labourables.	par rapport à la superficie totale du pays.
		p. 100.	p. 100.
Allemagne	19.6	7.53	3.59
Angleterre	21.4	1.04	2.40
Belgique	23.6	14.48	5.65
Danemark	27.8	1.57	10.39
Pays-Bas	22.4	6.19	0.0167
Suède	18.8	2.675	0.218
Suisse	20.9	1.92	1.026
Nouvelle-Zélande	20.7	4.794	0.4808
Autriche-Hongrie	11.6	20.13	8.024
Bulgarie	10.1	29.25	11.63
Espagne	9.0	23.21	7.54
France	13.6	27.638	12.38
Italie	9.1	34.72	16.58
Roumanie	11.8	32.16	1.497
Russie	6.7	"	1.382
Serbie	8.7	27.32	7.98
Canada	13.1	52.16	0.4345
Indes britanniques	7.6	10.45	4.52
République Argentine	7.1	27.53	2.115

Ces chiffres sont significatifs et se passent de commentaires.

Il n'est pas d'ailleurs sans intérêt de faire observer que dans les grandes régions à blé, en France, on obtient des rendements à l'hectare particulièrement élevés, qui supportent avantageusement, et au delà, la comparaison avec les rendements des meilleures régions productrices de l'étranger.

Dans les belles et riches plaines de la Flandre française, les rendements moyens de 35 quintaux à l'hectare ne sauraient être considérés comme exceptionnels. De même, la plupart des exploitations de l'Aisne, de l'Oise, de Seine-et-Marne et de Seine-et-Oise obtiennent, en année normale, des rendements moyens de 30 quintaux à l'hectare.

On peut donc conclure que l'infériorité de nos rendements moyens résulte non pas d'une défectuosité de nos méthodes de production, mais uniquement de ce fait que la culture du blé n'est nullement localisée en France aux régions à terres riches et profondes, mais se répartit sur tout l'ensemble du territoire, y occupant souvent des sols de qualité très relative.

Il convient enfin d'ajouter que l'agriculture française a réalisé, au cours du XIXᵉ siècle, d'immenses progrès dans les méthodes de production des céréales et notamment du blé.

L'étude des rendements moyens du blé en France fait ressortir, en effet, qu'ils se sont élevés dans de notables proportions, passant, par accroissements successifs, de 8 hectol. 59, en 1815, à 20 hectol. 20 à notre époque. Ce mouvement a été surtout sensible depuis 1879.

Il faut voir là surtout l'action puissante et continue exercée, dès cette époque, par les Directeurs des Services agricoles, qui ont vulgarisé dans toutes les régions de la France les nouveaux procédés scientifiques (emploi des engrais chimiques, sélection des semences, amélioration des méthodes culturales, etc.).

Les résultats de cette action ont été couronnés de succès et les statistiques agricoles, de 1880 à nos jours, montrent que l'accroissement des rendements moyens du blé à l'hectare a été beaucoup plus rapide, à partir de cette époque, que pendant la longue période antérieure à 1880.

L'étude du mouvement de la production du blé dans le monde n'est pas moins intéressante que celle des superficies cultivées, et l'on peut constater, depuis un quart de siècle, une augmentation considérable de la quantité de cette céréale mise à la disposition de l'alimentation humaine. De 600 millions de quintaux environ, la production mondiale s'est élevée peu à peu à près d'un milliard de quintaux, ce qui constitue, en trente ans, un accroissement de 400 millions de quintaux, soit 66.66 p. 100. La population des pays intéressés est passée, pendant la même période, de 770,738,000 à 993,584,000 d'habitants, d'où une augmentation de 222,846,000 habitants, soit 28.90 p. 100, et la disponibilité moyenne par tête, pour le monde entier, s'est élevée de 77 kilogr. 84 à 100 kilogr. 64. Ces chiffres ne tiennent pas compte, d'ailleurs, des nombreuses denrées renfermant des substances amylacées, qui sont utilisées en plus ou moins grande quantité dans les différents pays, concurremment avec le blé, pour assurer l'alimentation humaine.

Si l'on examine en détail le tableau de la production mondiale, on y voit se refléter les variations causées par les conditions météorologiques défavorables qui influent sur la récolte, mais qui n'ont pas une bien grande répercussion sur l'ensemble; les diminutions causées dans une région étant compensées, dans la plupart des cas, par une bonne récolte sur d'autres points du globe.

L'accroissement général de la production mondiale est la résultante de mouvements divers. Certains pays, tels que l'Angleterre, l'Italie, le Danemark, ont subi des diminutions très sensibles; d'autres, au contraire, tels que la Russie, la République Argentine, les États-Unis, le Canada, les Indes Anglaises, l'Autriche-Hongrie, la France, l'Allemagne, la Roumanie, la Bulgarie, l'Australie ont vu leur production s'accroître, et cela dans une proportion très importante pour quelques-uns; l'augmentation est plus faible, mais néanmoins appréciable, pour la Suède, la Norvège, la Serbie et le Mexique.

L'accroissement que l'on constate dans la production du froment tient, selon les pays considérés, à des causes très différentes. Dans certains cas, il est dû à la mise en culture de terrains neufs et fertiles, ne demandant que peu de façons et pas d'engrais : dans de telles conditions le prix de revient du quintal de blé est très faible. Ailleurs, l'augmentation de la production résulte de l'application des méthodes de la culture intensive, qui nécessitent de nombreuses façons et des engrais appropriés, relevant d'autant le prix de revient. Parfois, le phénomène doit être attribué à ces deux causes réunies qui influent, chacune pour sa part, sur le mouvement d'accroissement. La mise en culture de nouveaux territoires vierges a, du reste, permis à certaines contrées, telles que la République Argentine, l'Australie, etc., de prendre une place de plus en plus importante sur le marché du froment.

On peut remarquer également que, si l'ouverture des pays neufs à la culture des céréales livre au marché mondial, pendant une certaine période, une nouvelle et importante quantité de blé disponible; elle va généralement de pair avec une extension continue, dans ces mêmes régions, de la population aux besoins de laquelle il faut faire face : d'où une diminution de la quantité exportable.

Il ne rentre pas dans le cadre de cette étude sommaire d'examiner en détail les mouvements divers du commerce des blés et des farines dans chaque pays et d'en rechercher l'explication au point de vue économique; on peut se rendre compte, toutefois, de l'importance des erreurs relatives que comportent à cet égard les statistiques publiées, même si l'on étudie seulement les moyennes décennales, pour réduire les causes d'erreurs.

Les excédents moyens périodiques devraient être sensiblement égaux; ils présentent cependant des différences assez sensibles dues, soit à l'imperfection des méthodes utilisées pour l'établissement des enquêtes de statistique agricole, soit à la plus ou moins grande attention que les services douaniers apportent dans l'établissement des statistiques d'exportation, qui, dans la plupart des cas, ne sont passibles d'aucun droit. Il faut, de plus, tenir compte non seulement des pertes et avaries auxquelles donne souvent lieu la navigation maritime, moyen de transport qu'emploient presque exclusivement la plupart des pays gros exportateurs, mais encore des erreurs matérielles qu'entraîne forcément la conversion en mesures françaises d'un nombre aussi considérable d'unités si diverses

Le tableau suivant montre l'importance des différences :

PÉRIODES.		EXCÉDENT MOYEN DÉCENNAL des importations.	EXCÉDENT MOYEN DÉCENNAL des exportations.
		quintaux.	quintaux.
1880-1889		74,542,400	83,653,700
1890-1899		102,004,800	109,230,800
1900-1909		122,703,600	151,561,900

D'ailleurs, ces différences deviennent moins sensibles si l'on compare les moyennes décennales des disponibilités dans le monde avec la production mondiale périodique :

PÉRIODES.	QUANTITÉS DISPONIBLES dans le monde. Moyenne décennale.	PRODUCTION MONDIALE. Moyennes décennales.
	quintaux.	quintaux.
1880-1889..	611,327,700	621,496,100
1890-1899..	671,963,280	692,916,900
1900-1909..	826,492,050	854,981,400

Si l'on étudie spécialement à notre époque les divers modes d'utilisation du blé, on voit, en ce qui concerne la France, que la consommation du pain y est considérable; elle constitue, en quelque sorte, une caractéristique de l'alimentation dans notre pays. Autrefois, à l'étranger, cette particularité permettait, disait-on, de reconnaître un Français à la grande quantité de pain dont il faisait sa nourriture. Cependant, depuis quelques années, on peut constater que cette consommation tend à diminuer d'une manière générale dans notre pays. Ce fait tient à un certain nombre de causes dont les principales sont les suivantes.

Tout d'abord, on perd, dans la population bourgeoise et ouvrière, l'habitude des soupes épaisses au pain; on y substitue des potages au tapioca, au vermicelle et autres pâtes légères analogues. En outre, l'usage se perd également de manger de la soupe au repas du matin et à celui de midi. Cet aliment est remplacé, le matin, par du lait, du café au lait ou du chocolat, avec lesquels on prend beaucoup moins de pain.

D'une manière générale, l'alimentation de l'ouvrier des villes ou des champs, ainsi que celle de la classe peu aisée, s'est considérablement améliorée. La consommation de la viande s'est développée au détriment de celle du pain, puisqu'une quantité de viande assez faible remplace très avantageusement une grande quantité de pain. D'autre part, le développement de la consommation du vin et des alcools n'a pas été une cause des moins importantes de la diminution de celle du pain. Par contre, on ne saurait passer sous silence l'accroissement important de la consommation du blé, qui provient du remplacement, dans l'alimentation, du pain fabriqué à l'aide des farines d'autres céréales que le froment, telles que le méteil, le seigle, l'orge, le sarrasin, le maïs, par un produit fabriqué exclusivement ou presque avec de la farine de blé. Cette modification dans la nourriture des habitants des campagnes est très intéressante; elle est indéniable et elle est facile à démontrer, non seulement par la réduction continue et croissante des emblavures des céréales autres que le froment, utilisées naguère dans l'alimentation, mais encore par l'augmentation croissante, dans les communes rurales, du nombre des boulangers qui fabriquent du pain blanc, en remplacement du pain bis que cuisaient autrefois les ménagères.

D'un autre côté, l'alimentation des classes aisées a subi une évolution encore plus sensible mais beaucoup plus restreinte dans ses effets; le pain n'y joue plus qu'un rôle plutôt secondaire, et cela grâce à l'augmentation de la consommation de la viande et aux conseils des médecins, qui défendent souvent les farineux pour éviter l'embonpoint.

La résultante de ces deux mouvements en sens inverse a été une augmentation de plus de 18 p. o/o dans les emplois du blé pour les besoins de l'alimentation.

On peut ajouter qu'en France, la quantité disponible pour la consommation s'est élevée du fait de la diminution des quantités utilisées pour l'ensemencement.

En effet, la superficie cultivée en froment a légèrement fléchi depuis ces dernières années, d'où une réduction correspondante de la quantité nécessaire aux emblavures. Cette diminution a été considérablement amplifiée par l'emploi de plus en plus fréquent du semoir, qui est utilisé actuellement sur plus de 1,500,000 hectares. Mais comme, en moyenne, dans la France entière, on emploie environ 50 kilogrammes de moins avec le semoir, on obtient pour les quantités actuellement utilisées comme semences les chiffres suivants : semis à la volée, 5,000,000 hectares, 8,200,000 quintaux; semis au semoir : 1,500,000 hectares : 1,800,000 quintaux, soit un total d'environ 10,000,000 de quintaux nécessaires aux emblavures, soit une économie annuelle de 2,500,000 quintaux.

Enfin, les derniers tableaux permettent de suivre le mouvement des prix sur les différents marchés et les fluctuations très sensibles que subit une marchandise aussi indispensable que le blé dans l'alimentation générale.

**

Avant de terminer cette étude sommaire sur la production et le commerce du blé, il semble nécessaire de donner un aperçu de l'organisation du régime douanier de cette denrée aux différentes époques de notre histoire.

Le Conseil d'État a procédé en 1859 à une enquête à propos de la revision de la Législation sur les céréales qui donne à cet égard des indications fort intéressantes dont il a paru nécessaire de rappeler ici les principales en les complétant jusqu'à notre époque.

Sous l'ancienne monarchie, dans les mesures qui ont été prises, on semble s'être attaché surtout à assurer la subsistance du pays sans se préoccuper de favoriser les intérêts de l'agriculture.

Le régime de la liberté a été la condition constante du commerce d'importation des grains étrangers. C'est à peine si, à certaines époques, quelques droits peu élevés, et n'ayant, d'ailleurs, qu'un caractère purement fiscal, ont été perçus à l'entrée des grains sur le territoire français. D'ailleurs, à la première apparence de cherté ou d'insuffisance des ressources, le Gouvernement s'empressait de faire disparaître ces droits, allant même jusqu'à leur substituer des primes destinées à encourager les apports.

L'exportation des grains indigènes a été, au contraire, l'objet de mesures restrictives très fréquentes et d'interdictions très sévères. On peut même dire que la prohibition de sortie était la règle générale.

Au moyen âge, et jusqu'à la Renaissance, les baillis et sénéchaux étaient chargés d'accorder ou de refuser, selon les circonstances, les permissions qui étaient nécessaires pour l'envoi des blés hors du royaume. Ce commerce avec l'étranger, que l'on désignait sous le nom de traites foraines, était autorisé ou défendu sur les divers points de la frontière, suivant la situation particulière des approvisionnements dans chaque province.

Mais, tout en maintenant aux officiers provinciaux le soin de prendre des décisions pour les circonstances ordinaires, le pouvoir royal n'intervenait pas moins dans certains cas pour interdire d'une manière générale ou partielle l'exportation des grains.

C'est ainsi que, sous Charles VII en 1455, et sous François Ier, en 1515, de pareilles interdictions furent décrétées par lettres patentes.

Mais, en 1539, François Ier régularisa cet état de choses. Il révoqua toutes les traites foraines précédemment autorisées, enleva aux baillis et sénéchaux la faculté de les accorder, et réserva au pouvoir royal le droit exclusif de les permettre. Un droit d'un écu sol par tonneau devait être prélevé au profit de l'État sur les traites foraines qui seraient autorisées à l'avenir.

Depuis lors, sous tous les règnes, un grand nombre d'arrêts, édits, ou ordonnances, ont été rendus pour défendre, soit d'une manière générale, soit partiellement, la sortie des grains, ou pour la permettre dans certaines provinces, lorsque la surabondance de leurs ressources paraissait bien clairement établie. En général, les prohibitions étaient sanctionnées par des peines très sévères, et, pendant les grandes disettes qui affligèrent la fin du règne de Louis XIV, les infractions étaient punies de la confiscation des biens, des galères, et même de la mort.

C'est sous Louis XV, en 1764, que paraît avoir surgi pour la première fois l'idée de prendre le prix des grains comme régulateur de l'exportation. Un édit du mois de juillet décida que vingt-sept de nos ports seraient ouverts à la sortie du blé pour l'étranger, tant que le prix resterait inférieur à 12 livres 10 sous le quintal poids de marc (environ 19 francs l'hectolitre). Au-dessus de cette limite, l'exportation était prohibée.

En 1770, la défense absolue d'exportation fut rétablie, et de 1771 à 1787, la sortie fut tantôt permise et tantôt défendue soit d'après les règles posées par l'édit de 1764, soit par voie de décisions spéciales.

Dans le courant de l'année 1787, un édit en date du 17 juin déclara en principe que la liberté du commerce des grains devait être regardée comme l'état habituel et ordinaire du royaume. Il permit l'exportation par tous les points de la frontière; il abolit la limite de prix posée par l'édit de 1764, mais il réserva cependant, au pouvoir royal, la faculté de suspendre la sortie dans les provinces où les états et assemblées provinciales jugeraient cette mesure nécessaire. Les décisions de ce genre ne pouvaient être prises que pour une année, sauf à les renouveler s'il y avait lieu.

La faculté réservée au Gouvernement d'interdire la sortie fut exercée dès l'année suivante, non par simples mesures locales, mais par une défense générale applicable à tout le territoire. Des arrêts du Conseil des 7 septembre et 23 novembre 1788 et 23 avril 1789 furent rendus dans ce but.

Pendant tout le cours de la Révolution, la prohibition fut maintenue très rigoureusement. Des lois, décrets et arrêtés nombreux intervinrent, parmi lesquels on peut citer les lois des 21 et 27 septembre 1789, le décret du 5 décembre 1792, qui prononce la peine de mort contre toute personne qui exporterait des grains; ceux des 8 décembre 1792 et 1er mars 1793, qui renouvellent cette défense sous peine de mort et de confiscation; celui du 11 septembre 1793, qui prononce la peine de six ans de fers contre les conducteurs de voitures et équipages; la loi du 4 nivôse an III, qui supprime la peine des fers contre les conducteurs et maintient la confiscation et la peine de mort contre les propriétaires contrevenants; enfin celles du 7 vendémiaire an IV et du 26 ventôse an V, qui adoucissent successivement les peines prononcées contre les exportateurs de grains et qui ne laissent plus subsister, en définitive, que la confiscation.

Le régime de la défense d'exportation se maintient ainsi à peu près intact jusqu'au 25 prairial an XIII, où il cessa d'être appliqué d'une manière aussi absolue. Un décret vint autoriser la sortie des grains pour l'Espagne, le Portugal, l'Allemagne et la Hollande, par certains ports, moyennant un droit d'un franc par 100 kilogrammes pour le blé et de 50 centimes pour les autres grains. Le décret revenait, en même temps, au système des prix régulateurs, dont l'application avait déjà été tentée. Toute exportation devait cesser lorsque le prix du blé serait monté à 16 francs l'hectolitre dans les départements de l'Ouest et du Nord, et à 20 francs l'hectolitre dans les départements du Midi, d'après les mercuriales de trois marchés successifs du lieu de l'exportation ou du marché aux grains le plus voisin.

La faculté d'exportation pour certains pays, accordée par le décret du 25 prairial an XIII, fut cependant suspendue, à la fin de la même année, par une décision ministérielle; mais, trois mois après, dès le 13 brumaire an XIII, un décret vint encore l'autoriser pour l'Espagne et le Portugal seulement, et par un petit nombre de ports, aux mêmes conditions, du reste, que celles qui avaient été posées par le décret de l'an XII.

Cet état de choses fut de nouveau modifié par des dispositions approuvées par l'empereur, le 2 juillet 1806, et qui peuvent être considérées comme la première application, en France, du système de l'échelle mobile.

L'exportation était permise, par les ports de France, sur la Manche, l'Océan et la Méditerranée, et par les villes frontières de l'Allemagne, de l'Espagne et de l'Italie, indiqués par le Ministre de l'Intérieur. Le droit fixé par le décret de l'an XII était maintenu tant que la moyenne des mercuriales de chaque département limitrophe ne s'élevait pas à 19 francs l'hectolitre. A compter de ce prix, le droit s'accroissait dans la proportion suivante :

A 19 francs l'hectolitre, droit de 1 fr. 35 par quintal.

A 20 — — 1 fr. 50 —

A 21 — — 2 fr. 00 —

A 22 — — 3 fr. 00 —

A 23 — — 4 fr. 00 —

A 24 francs l'hectolitre, la sortie était prohibée.

Des mercuriales des départements étaient relevées et arrêtées tous les quinze jours par les préfets des départements limitrophes qui notifiaient leurs arrêtés aux directeurs des douanes. Le nombre des marchés de chaque département devait être de 10 au moins.

De 1806 à 1813, aucun changement ne fut apporté en principe aux dispositions en vigueur; mais des décisions en sens divers furent prises successivement pour autoriser ou pour défendre l'exportation sur les différents points de la frontière. Lorsque l'exportation était permise, on se conformait aux prescriptions du règlement du 2 juillet 1806. Jusqu'en 1809, des circonstances favorables permirent d'autoriser l'exportation sur une portion importante du littoral ; mais, en 1810, on en revint aux mesures restrictives; les droits à la sortie furent doublés, des prohibitions partielles furent prononcées, et elles finirent par s'étendre à tout l'Empire, pendant les années 1811, 1812 et 1813.

C'est seulement vers le milieu de 1814 que le Gouvernement crut devoir permettre de nouveau le commerce d'exportation. Une ordonnance royale du 26 juillet autorisa provisoirement la sortie des grains et farines par les ports et frontières, moyennant le payement d'un droit de balance, qui était fixé à 15 centimes par 100 francs de valeur.

Le Gouvernement préparait alors sur cette matière une loi qui fut rendue à la date du 2 décembre 1814. Les départements frontières devaient être divisés en trois classes : la première, comprenant ceux de ces départements où les grains sont habituellement plus chers que dans le reste du royaume; la deuxième, ceux où ils se maintiennent à un prix moyen; la troisième, ceux où ils sont ordinairement au prix le moins élevé.

La sortie des grains était prohibée lorsque le prix de l'hectolitre de blé froment atteignait :

23 francs dans les départements de la 1re classe ;

21 francs dans ceux de la 2e classe ;

19 francs dans ceux de la 3e classe.

Au-dessous de ces limites, l'exportation devait rester libre, moyennant le payement du droit de balance.

Le prix moyen du blé destiné à servir de régulateur pour l'exportation et pour la prohibition de sortie devait être établi chaque semaine d'après celui des dernières mercuriales des trois principaux marchés de chaque département frontière.

Une ordonnance royale du 18 décembre suivant compléta les dispositions de la loi du 2 décembre, en établissant la classification des départements frontières et en désignant les ports et les bureaux de douane par lesquels la sortie des grains pourrait avoir lieu.

En 1815, la sortie des grains fut de nouveau suspendue, d'abord par décision ministérielle pour les frontières du Nord et de l'Est et pour toute la frontière d'Espagne ; puis, par un décret impérial du 31 mai 1815, pour tous les ports depuis Bayonne jusqu'à Dunkerque; enfin, par une ordonnance royale du 3 août 1815, pour toutes les frontières de terre et de mer, et cette prohibition fut maintenue pendant la crise de 1816 et de 1817 et jusqu'au milieu de l'année 1819.

De cette dernière époque date l'adoption d'un système d'ensemble destiné à régler en même temps l'entrée et la sortie des grains et l'établissement du régime de l'échelle mobile tel qu'il s'est perpétué jusqu'en 1860, sauf certaines modifications.

Une loi de douanes du 20 avril 1816 avait assujetti l'importation des grains et farines à un droit de 50 centimes par 100 kilogrammes, et ce droit, successivement aboli et rétabli par ordonnances royales et décisions ministérielles, avait été conservé en dernier lieu par une ordonnance royale du 4 mars 1819.

La loi du 16 juillet 1819 établit, d'abord, que le droit permanent de 50 centimes fixé par la loi de 1816 serait converti en un droit également permanent de 1 fr. 25 par hectolitre de grains, et de 2 fr. 50 par quintal métrique de farine, droit qui serait réduit à 25 centimes par hectolitre de grains et à 50 centimes par quintal de farine, lorsque l'importation aurait lieu par navires français.

Adoptant ensuite la classification établie pour les départements frontières par l'ordonnance du 18 décembre 1814, relative à l'exportation, la loi de 1819 portait que le droit permanent serait augmenté sur les importations de blés étrangers, sans distinction de pavillon, d'un droit supplémentaire de 1 franc par hectolitre, lorsque le prix des blés indigènes serait descendu à :

23 francs dans les départements de la 1re classe ;
21 francs dans ceux de la 2 classe ;
19 francs dans ceux de la 3e classe.

Au-dessous de ces limites, chaque franc de diminution sur les prix donnait lieu à un nouveau droit supplémentaire de 1 franc par hectolitre, sans distinction de pavillon.

Le quintal de farine devait supporter le triple des droits supplémentaires imposés sur l'hectolitre de grains.

L'importation des grains étrangers était prohibée d'une manière absolue, lorsque le prix des blés descendait :

Au-dessous de 20 francs dans les départements de la 1re classe ;
Au-dessous de 18 francs dans ceux de la 2e classe ;
Au-dessous de 16 francs dans ceux de la 3e classe.

Pour l'exécution de ces dispositions, le Ministre de l'Intérieur devait faire dresser et arrêter, à la fin de chaque mois, un état des prix moyens des grains sur un certain nombre de marchés dits marchés régulateurs ; cet état, publié au *Bulletin des lois* du 1er de chaque mois, devait servir à la perception des droits pendant le mois qui suivait sa publication.

Les trois classes de départements frontières étaient subdivisées en sections ayant chacune leurs marchés régulateurs, et leur prix moyen spécial qui devait servir à l'assiette des droits, et qui se réglait sur les mercuriales des deux premiers marchés du mois courant et du dernier marché du mois précédent.

L'exportation des grains dans les différentes sections devait continuer à être régie par les dispositions de la loi du 2 décembre 1814 ; mais les prix moyens destinés à lui servir de règle devaient être établis dans les formes prescrites par la nouvelle loi.

En 1820, dans une loi de douanes du 7 juin, une distinction fut établie, pour la perception des droits à l'importation, entre les céréales provenant des pays de production et celles qui venaient d'ailleurs.

Le droit permanent était fixé à 25 centimes par hectolitre pour les grains et à 50 centimes par quintal pour les farines arrivant par navires français des pays de production, et à 1 fr. 25 pour les grains et à 2 fr. 50 pour les farines qui étaient amenées d'ailleurs aussi par navires français.

Une ordonnance du 23 octobre de la même année désigna comme pays de production :

Les ports de la mer Noire, de l'Égypte, de la Baltique, de la mer Blanche et des États-Unis d'Amérique.

La loi de 1819 avait été faite en vue de protéger notre agriculture contre la concurrence des blés russes ; mais elle ne satisfit pas les producteurs. On était alors dans une période d'abondance ; et, comme il arrive toujours en pareil cas, on attribuait à la législation un abaissement de prix qui était la conséquence naturelle de la succession de plusieurs bonnes récoltes. Quoi qu'il en soit, les plaintes devinrent si vives qu'on crut devoir les accueillir ; et, en 1821, une nouvelle loi, qui porte la date du 4 juillet, fit subir à la loi de 1819 des changements destinés à favoriser les intérêts agricoles, en donnant plus de latitude à l'exportation et en restreignant, au contraire, les facilités d'importation.

Cette loi modifiait la division des départements frontières en établissant quatre classes au lieu de trois. Elle changeait aussi la désignation des marchés régulateurs, en augmentait le nombre et en modifiait la répartition.

Le droit permanent, avec distinction des provenances des pays de production ou d'ailleurs, continuerait à être perçu sur toute importation des blés étrangers.

Le premier droit supplémentaire de 1 franc par hectolitre imposé par la loi de 1819 sur les importations devait être perçu à l'avenir lorsque le prix des blés indigènes serait descendu à :

26 francs dans les départements de la 1re classe ;
24 francs dans ceux de la 2e ;
22 francs dans ceux de la 3e ;
20 francs dans ceux de la 4e.

Le second droit supplémentaire de 1 franc par hectolitre, pour chaque franc de diminution sur le prix des blés indigènes, devait être perçu lorsque ce prix serait descendu au-dessous des mêmes limites.

L'importation des blés et farines venant de l'étranger devait être prohibée lorsque le prix des blés indigènes serait descendu au-dessous de :

24 francs dans les départements de la 1re classe ;
22 francs dans ceux de la 2e ;
20 francs dans ceux de la 3e ;
18 francs dans ceux de la 4e.

L'exportation ne devait être suspendue, dans chaque classe, que lorsque les prix auraient dépassé de 2 francs les prix ci-dessus fixés comme limites à l'importation.

Enfin, la loi de 1821 portait que le prix commun entre les marchés régulateurs de chaque classe ou section serait établi sans égard aux quantités vendues dans chaque marché et elle maintenait les lois des 2 décembre 1814, 16 juillet 1819 et 7 juin 1820, en tout ce qui n'était pas contraire aux dispositions nouvelles.

c.

La révolution de Juillet avait été précédée par une année de cherté, et, lorsqu'elle éclata, une réaction assez vive s'était opérée dans les esprits contre la loi de 1821 qui était considérée comme accordant une protection excessive aux intérêts de l'agriculture, et comme ayant pour résultat de maintenir le prix du blé à un taux trop élevé. Aussi, un des premiers soins du Gouvernement nouveau fut-il d'apporter quelques modifications au régime établi en 1821, en attendant qu'on eût pu se livrer à un examen approfondi de la question, et de là est résulté le régime transitoire de la loi du 20 octobre 1830. Cette loi établissait que, sur la frontière de terre comme sur celle de mer, le maximum du droit variable à l'importation des grains serait de 3 francs l'hectolitre, et le minimum de 0 fr. 25, et que ces droits et les droits intermédiaires de 2 francs et de 1 franc continueraient d'être appliqués suivant le prix légal des grains, conformément aux lois de 1819 et 1821. Ces droits devaient être perçus sans distinction de provenances, et avec la seule surtaxe de 1 franc pour les grains arrivant par mer, sous pavillon étranger.

Pour les importations de farine, le minimum du droit était fixé à 0 fr. 50 par 100 kilogrammes par navires français, et à 2 fr. 50 par navires étrangers, sans distinction de provenance.

La loi de 1830 ne devait avoir d'effet que jusqu'au 30 juin 1831 pour les départements de la 1re classe, et jusqu'au 31 juillet pour les départements des 2e, 3e et 4e classes.

A la date du 2 juin 1832, une ordonnance royale maintint la disposition de la loi de 1830, qui avait remplacé le marché régulateur de Fleurance par celui de Lyon dans la première classe départementale. Elle établit la distinction instituée par la loi du 7 juin 1820 en faveur des céréales provenant directement des pays de production, avec cette différence, toutefois, que ce n'était plus seulement certaines contrées désignées qui étaient considérées comme pays de production, mais que la faveur accordée aux provenances des pays de production était acquise toutes les fois qu'il était certifié que les grains étaient le produit du pays d'où ils étaient importés en France.

Seulement la provenance directe tenait lieu de justification pour les grains importés des pays désignés comme producteurs.

Pour tout le reste des dispositions relatives à l'importation et à l'exportation, on rentrait sous l'empire des lois de 1819 et 1821.

La loi du 15 avril 1832, en conservant sur certains points et en modifiant sur certains autres les dispositions des lois de 1819 et de 1821, apporta dans le régime établi par ces lois un changement important, en abolissant la prohibition éventuelle à l'entrée et à la sortie des grains et farines.

Mais il est à remarquer que ce changement a été plus nominal que réel; car, dès que les prix du blé descendaient à un certain taux sur le marché français, les droits d'entrée devenaient tellement élevés qu'ils avaient un véritable caractère prohibitif, et il en était de même pour l'exportation, aussitôt que la cherté commençait à se faire sentir.

Pour l'importation, les droits existants furent maintenus dans les limites posées par la loi de 1821. Mais, dans les cas où cette loi prohibait l'entrée des blés ou des farines venant de l'étranger, cette prohibition fut remplacée, pour le blé, par une surtaxe de 1 fr. 50 par hectolitre, et pour la farine par une surtaxe de 4 fr. 50 par quintal métrique pour chaque franc de baisse dans le prix des grains indigènes.

Les droits d'entrée sur les grains d'espèces inférieures et leurs farines furent fixés d'après les droits à percevoir sur le blé et sa farine.

La surtaxe sur les importations par navires étrangers fut réduite, pour tous les cas, à 1 fr. 25 par hectolitre, et cette surtaxe devait cesser d'être perçue quand le prix moyen du froment s'élèverait :

Au-dessus de 28 francs dans la 1re classe;
Au-dessus de 26 francs dans la 2e classe;
Au-dessus de 24 francs dans la 3e classe;
Au-dessus de 22 francs dans la 4e classe.

La surtaxe qu'une loi de douanes avait imposée aux importations par terre fut abolie pour les grains et farines.

Pour l'exportation, le système existant, qui présentait l'alternative, soit d'une liberté complète, moyennant payement d'un simple droit de balance, soit d'une prohibition absolue, fut remplacé par une série de droits gradués d'après la baisse ou la hausse des prix du froment.

La sortie pouvait avoir lieu au droit de balance, lorsque le prix du blé était descendu à :

25 francs dans les départements de la 1re classe;
23 francs dans ceux de la 2e classe;
21 francs dans ceux de la 3e classe;
19 francs dans ceux de la 4e classe.

Au-dessus de ces limites, il devait être perçu, outre le droit de balance, un droit de 2 francs par hectolitre, droit qui s'augmentait ensuite de 2 francs par chaque franc de hausse sur le prix du blé.

Pour les farines, le droit de sortie, établi au quintal métrique, devait être double de celui qui pesait sur l'hectolitre de froment.

La revision des tarifs, établis ou maintenus par la loi de 1832, devait avoir lieu dans la session qui suivrait la récolte de 1832, et la perception des droits n'était autorisée que jusqu'au 1er juillet 1833. Mais une autre loi fut rendue, à la date du 26 avril 1833, d'après laquelle les droits d'entrée et de sortie sur les grains et farines durent continuer à être perçus jusqu'à revision des tarifs.

En 1839, des mesures spéciales ont été prises pour suspendre provisoirement, sur certains points du littoral, l'exportation des grains et farines.

La loi du 28 janvier 1847 suspendit, jusqu'au 31 juillet suivant, les effets de l'échelle mobile, en ce qui concerne l'importation des grains, qui fut permise au simple droit de balance jusqu'à cette époque.

Ces dispositions furent ensuite prorogées jusqu'au 31 janvier suivant, pour ce qui concerne l'importation des grains et farines, par une nouvelle loi du 22 juillet 1847.

La crise de 1853 donna lieu aussi à d'autres mesures du même genre, qui furent prises par décrets et successivement prorogées.

Un décret du 3 août 1853 commença par abolir temporairement la surtaxe sur les céréales importées par navires étrangers.

Un autre décret du 18 du même mois suspendit temporairement aussi le jeu de l'échelle mobile, en ce qui concerne l'importation des grains et farines, qui fut permise au simple droit de balance.

Un décret du 29 novembre 1854 prohiba l'exportation des grains et farines.

Ces diverses dispositions furent maintenues à plusieurs reprises, et pour ce qui concerne l'importation, le jeu de l'échelle mobile fut encore suspendu jusqu'au 30 septembre 1859. A l'égard de l'exportation, l'application de la législation en vigueur a été reprise vers la fin de 1857, en vertu d'un décret du 10 novembre.

Quoi qu'il en soit, ces mesures exceptionnelles et transitoires, que les circonstances avaient rendu nécessaires, n'avaient pas porté atteinte aux bases mêmes de la législation sur les céréales et si les effets de cette législation avaient dû être momentanément suspendus, elle n'en existait pas moins encore dans son entier. Le régime de l'échelle mobile fut suspendu par le décret du 22 août 1860, puis abrogé définitivement par la loi du 15 juin 1861, qui établissait en outre les droits suivants sur les céréales :

Froment, épeautre, méteil, o fr. 50 les 100 kilogrammes;

Farines de froment, 1 franc les 100 kilogrammes;

Pain, grains perlés ou mondés, gruaux, semoules en gruaux, 1 franc les 100 kilogrammes.

Les grains et farines étaient déclarés exempts de droits d'exportation.

Le Gouvernement impérial, nettement libre-échangiste, cessa de protéger la culture et il n'est fait aucune mention des céréales dans les divers traités de commerce de 1860. Les conséquences de l'adoption de ce régime ne se firent pas attendre. Les prix du blé, soutenus en 1861 et 1862 fléchirent très rapidement sous l'influence de bonnes récoltes, jusqu'à s'abaisser au cours de 16 fr. 50 l'hectolitre. Bien que les cours se soient relevés à la suite d'une diminution de rendements, l'avenir démontra que la stabilité n'était nullement acquise. Aussi, l'agriculture manifesta hautement son mécontentement et un mouvement d'opinion en faveur du retour au régime protecteur se dessina très net. Les orateurs qui prirent dans les deux Chambres, à partir de 1880, la défense des intérêts agricoles se plaignirent amèrement de la situation de l'agriculture qui n'était pas satisfaisante. La Commission des douanes vint affirmer elle-même que sans être gravement atteinte, la culture lui paraissait sérieusement menacée. Les agriculteurs justifiaient leur demande d'établissement de droits de douane en faisant ressortir la nécessité d'établir une égalité absolue de traitement entre l'agriculture et l'industrie; ils proclamaient d'autre part que les droits compensateurs étaient destinés à remédier à l'excédent de charges dont souffrait le producteur français par rapport à son concurrent étranger. Les agriculteurs n'allaient pas jusqu'à espérer que les droits protecteurs donneraient à la culture un nouvel essor à l'abri d'une barrière douanière appropriée, ils voulaient simplement vivre. Ces doléances parurent si justifiées que le Parlement rétablit, par la loi du 7 mai 1881, le principe de la protection de la culture des céréales, et les droits de o fr. 60 par 100 kilogrammes de blé et de 1 fr. 20 par quintal de farine furent adoptés. Les autres céréales continuaient à être admises en franchise. Le courant protecteur se renforça graduellement car les droits furent portés par la loi du 28 mars 1885 à 3 francs pour les grains, 6 francs pour les farines et 5 fr. 50 pour les gruaux, semoules et gruaux et grains perlés ou mondés. Deux années plus tard, la loi du 29 mars 1887 accentua encore le caractère protecteur du régime et les droits furent fixés à 5 francs par 100 kilogrammes sur les grains et à 8 francs pour le quintal de farine. Cependant cette protection apparut encore aux agriculteurs comme notoirement insuffisante. Lors des études préliminaires sur la revision douanière de 1892, ils protestèrent avec la plus grande énergie contre l'inégalité choquante qui existait au point de vue douanier entre l'agriculture et l'industrie. Ils démontrèrent que la « grande délaissée » était en France dans une situation bien inférieure à celle des autres pays où les salaires sont moins élevés, les terres plus neuves et les charges économiques moins lourdes; ils ajoutaient que si jadis les distances constituaient des remparts assez puissants, les progrès réalisés dans les conditions de transports avaient permis de réduire le taux des frets dans des proportions telles qu'un nouveau relèvement du droit de douane était indispensable pour compenser l'inégalité des charges et préserver l'agriculture d'un effondrement des cours. Les libres échangistes, répondant à l'argument que les droits protecteurs étaient surtout destinés à développer l'industrie agricole comme toutes les autres industries, déclaraient que le protectionnisme engendrerait la routine. Les défenseurs des tarifs douaniers faisaient valoir que la France pouvaient largement suffire à la production de la majeure partie des denrées alimentaires nécessaires à la consommation nationale, mais ils ajoutaient qu'il était nécessaire de donner confiance à l'agriculture pour lui permettre de s'assurer la possession de notre marché intérieur. Convaincu que le système protecteur a surtout pour lui de développer la fortune agricole de la France, d'augmenter les rendements à l'hectare et la valeur du cheptel vivant, d'encourager le progrès ainsi que l'emploi des nouvelles méthodes et de l'outillage perfectionné, le Parlement adopta cette manière de voir en établissant une échelle de droits suffisamment élevés pour donner satisfaction aux desiderata de l'agriculture. Le tarif sur le froment, maintenu à 5 francs par la loi du 11 janvier 1892, fut fixé à 7 francs par 100 kilogrammes par la loi du 27 février 1894. Les droits sur les grains concassés et les farines et produits dérivés furent établis comme suit :

Grains concassés et boulanges contenant plus de 10 p. o/o de farine.   11 fr. par 100 kilogr.

Farines au taux d'extraction de 70 p. o/o et au-dessus. . . . .   11 fr.   —

Farines au taux d'extraction compris entre 70 et 60 p. o/o . . . .   13 fr. 50   —

Farines au taux d'extraction de 60 p. o/o et au-dessous. . . . .   16 fr.   —

Pain. . . . .   7 fr.   —

Gruaux, semoules en gruaux, grains perlés ou mondés. . . . .   16 fr.   —

Cette étude sommaire du régime douanier du blé en France montre qu'en raison du rôle si considérable que cette céréale joue au point de vue de l'alimentation humaine et de la source de richesse extrèmement importante qu'elle constitue pour les populations rurales, les Pouvoirs publics ont toujours été amenés à prendre des mesures en vue d'encourager la production de cette denrée ou d'en assurer l'approvisionnement. Cette situation n'est nullement spéciale à notre pays et des considérations du même ordre ont conduit les divers gouvernements à instituer pour les céréales une législation adaptée aux nécessités économiques du moment.

ALLEMAGNE. — D'après le tarif en vigueur de 1845 à 1848, le froment acquittait, dans les différents États, un droit d'entrée de 1 fr. 14 par hectolitre. Le tarif de 1856 fixe ce droit à o fr. 46 par hectolitre. Dans tous les États du Zollverein, les droits furent levés de 1853 à 1857, à la suite d'une crise alimentaire.

Depuis, les inconvénients de ce régime libre-échangiste se firent sentir et le Parlement décida bientôt d'entrer dans la voie du protectionnisme. Les droits sur le blé furent fixés d'abord à 4 fr. 375, puis à 9 fr. 375 au tarif maximum, et à 6 fr. 875 au tarif minimum, tandis que les farines furent taxées à 23 fr. 45 au tarif maximum et à 12 fr. 75 au tarif minimum. En outre, pour répondre à des besoins particuliers, fut votée la loi du 14 avril 1894 créant les bons d'importation.

Pour bien comprendre les motifs et la portée de cette loi, il faut se rappeler que l'Allemagne, considérée dans son ensemble ne peut se suffire avec sa production de blé, mais que les récoltes de l'Est et du Nord dépassent sensiblement les besoins locaux. Tant que le système du libre-échange fut en vigueur pour les céréales, ces excédents étaient exportés. Les droits protecteurs déterminèrent entre les prix du marché intérieur et ceux du marché international un écart qui rendit l'opération impossible. On se flatta d'abord que la consommation indigène remplacerait les débouchés que l'on ne pouvait plus chercher au dehors. Mais il en coûtait bien plus de transporter les blés de Poméranie dans le sud et l'ouest de l'Empire que de les expédier par mer dans les pays scandinaves, ou même en Hollande et en Angleterre, comme on l'avait fait jusque-là. De plus, certaines quantités de grains étaient particulièrement prisées à l'étranger tandis qu'en Allemagne elles ne se vendaient pas mieux que les sortes courantes. Il en résulta que les provinces orientales ne tardèrent pas à être encombrées de leurs produits. Les cours y restaient constamment inférieurs à ceux du reste du pays, et l'agriculture s'y voyait poussée à délaisser la production des espèces de choix.

Pour rendre au marché l'élasticité qui lui manquait, on pensa qu'il fallait intéresser le commerce à la sortie des blés indigènes en l'autorisant à compenser les exportations dont il ferait les frais par des importations exemptes de droits. Ce principe admis, on pouvait décider que les exportations donneraient lieu soit au remboursement des quittances concernant des importations déjà faites, soit à la délivrance de bons permettant d'effectuer des importations ultérieures en franchise. Le second système parut tendre plus directement au but poursuivi, c'est-à-dire au développement de l'exportation [1], et il prévalut au sein du Parlement.

Depuis le 1er mai 1894, l'exportation ou la mise en entrepôt réel de froment, de seigle, d'orge, d'avoine et de colza à l'état de grains, de farine ou de malt donne ouverture à la délivrance de bons au porteur qui peuvent être versés dans toute l'étendue de la Confédération, comme numéraire pour le payement des droits d'entrée :

1° Sur les céréales;

2° Sur diverses denrées pour lesquelles les droits de douane ont un caractère purement fiscal comme le café, le thé, le cacao, etc.

---

[1] Exposé des motifs de la loi du 14 avril 1894, p. 5.

La valeur de ces bons se calcule en appliquant les taxes du tarif conventionnel aux quantités dont la sortie est justifiée et en comptant 75 kilogrammes de farine de froment, 65 kilogrammes de farine de seigle, 75 kilogrammes de malt pour 100 kilogrammes de grains. Elle s'élève par conséquent à :

35 marks (43 fr. 75) pour l'exportation de 1,000 kilogrammes de froment ou de seigle;
46 marks 65 (58 fr. 31) pour l'exportation de 1,000 kilogrammes de farine de froment;
53 marks 33 (66 fr. 66) pour l'exportation de 1,000 kilogrammes de farine de seigle;
20 marks (25 fr.) pour l'exportation de 1,000 kilogrammes d'orge;
26 marks 66 (33 fr. 32) pour l'exportation de 1,000 kilogrammes de malt.

Le système des bons d'importation pour les céréales a donné lieu, dans ces dernières années, à de vives critiques et à de nombreuses plaintes. Ses détracteurs lui reprochent :

1° De contribuer à la hausse des cours;

2° De favoriser l'exportation des céréales au détriment de leurs dérivés, ce qui est surtout le cas des seigles;

3° D'agir comme prime de sortie en ce sens que les nombreux bons d'importation créés par l'exportation de grandes quantités de céréales propres à l'alimentation permettent d'introduire sans perception de droits de douane des quantités égales de café, de pétrole, etc.;

4° D'encourager la substitution excessive des blés par des céréales d'un degré inférieur. Par exemple, étant donné la différence de traitement douanier entre l'avoine et l'orge fourragère, de contribuer au remplacement de l'espèce la plus taxée par la moins taxée;

5° Enfin de causer de graves préjudices aux caisses de l'État.

Une proposition de loi a été déposée sur le bureau du Reischstag pour modifier radicalement le système en vigueur. Le Gouvernement estimant que les bons d'importation constituent le meilleur moyen de favoriser l'exploitation du sol sans nuire aux intérêts du commerce extérieur, a fait connaître que tout en se réservant de prescrire une enquête pour étudier les côtés faibles du système, il était entièrement d'avis que les nombreuses critiques soulevées ne tenaient qu'à des causes tout à fait passagères.

ANGLETERRE. — En 1670, fut institué un régime protecteur de l'agriculture; une loi (22, Charles II, chapitre 13) établit des droits d'importation qui étaient abaissés dans le cas d'une insuffisance de récolte. Sous Georges III, en 1815, la loi (55, chapitre 26) vint édicter la suppression des droits d'entrée, mais elle posait en principe que l'importation était prohibée lorsque le blé anglais n'atteignait pas une certaine limite.

Le régime de l'échelle mobile fut introduit en Angleterre sous Georges IV, par la loi (3, chapitre 60) en 1822; puis, en 1828, la prohibition d'importation fut abolie et l'échelle mobile remaniée.

D'après ce tarif, des droits variables frappaient les froments importés dès que les prix intérieurs étaient inférieurs à 31 fr. 82 l'hectolitre. Au-dessus de ce prix, le droit d'entrée était fixé à 0 fr. 43 l'hectolitre.

Ce système, vivement attaqué par les partisans du libre-échange, fut définitivement abandonné à la suite de la crise alimentaire qui sévit en 1846 dans le Royaume-Uni. A partir de la loi du 1er février 1849 (9 et 10, Victoria, chapitre 22), l'échelle mobile fit place à des droits fixes, réglés à 0 fr. 43 par hectolitre pour le blé et à 0 fr. 93 par quintal pour la farine. Enfin, la loi du 1er juin 1869 (32 et 33, Victoria, chapitre 4) vint supprimer le droit fixe à l'importation. Il fut rétabli à 0 fr. 59 le quintal pour quelques mois comme taxe fiscale, en 1901, après la campagne Sud-Africaine.

AUTRICHE-HONGRIE. — Le régime douanier des céréales y a subi peu de changements depuis 60 ans; une faible réduction des droits d'entrée a seulement été accordée en 1850 (1 fr. 74 par hectolitre de froment). L'exportation est complètement libre.

On a pu constater également la même évolution protectionniste que dans les autres États, et les droits d'abord fixés à 3 fr. 75 le quintal pour le blé, furent portés à 7 fr. 85 au tarif maximum et à 6 fr. 60 au tarif minimum. Les farines sont actuellement taxées à 15 fr. 75 au tarif minimum.

BELGIQUE. — La Belgique a adopté le régime de l'échelle mobile en 1834. D'après le tarif établi, l'importation du froment était libre tant que les cours étaient supérieurs ou égaux à 20 francs. Entre 12 francs et 20 francs des droits gradués étaient établis, et, lorsque le prix de l'hectolitre était inférieur à 12 francs, l'importation était complètement prohibée. L'exportation n'était interdite que lorsque le prix de l'hectolitre dépassait 24 francs.

Après avoir été temporairement suspendu à l'occasion de diverses crises alimentaires, le système de l'échelle mobile fut remplacé en 1848 par un droit fixe de 0 fr. 50 par quintal, et, en 1850, par un droit de 1 franc. Ce droit fut supprimé en 1853. La loi du 2 février 1857 a fixé les droits à 0 fr. 50 pour le froment et à 1 franc pour les farines, avec liberté complète d'exportation.

Actuellement, le tarif d'entrée comporte l'exemption pour le blé et un droit de 2 francs sur les farines.

ESPAGNE. — Le système général fut, de 1834 à 1858, la prohibition à l'importation et l'exemption de droits à la sortie. L'importation fut complètement libre de 1853 à 1858.

Depuis, par suite d'une évolution économique analogue à celle de l'Europe centrale, le droit d'importation sur le blé fut fixé à 8 francs par quintal et à 14 francs pour la farine.

ÉTATS-UNIS. — De 1816 à 1848, le droit d'entrée était de 3 fr. 80 par hectolitre. Le tarif de 1846 a substitué au droit fixe le droit à la valeur. D'abord fixé à 20 p. 0/0, ce droit a été ramené à 15 p. o/o. Depuis 1909, le tarif est fixé à 4 fr. 76 par quintal pour le blé et à 25 p. o/o *ad valorem* pour la farine.

ITALIE. — En Sardaigne, le droit de douane sur le blé a été supprimé par la loi du 16 février 1854.

En Toscane, jusqu'en 1858, les droits sur le blé ont été très faibles (25 à 33 centimes par hectolitre), alors que les farines acquittaient des droits variant de 12 fr. 50 à 7 fr. 50 le quintal. Un décret de 1858 a légèrement haussé les taxes sur les blés et diminué celles sur les farines.

Le régime de l'échelle mobile a fonctionné de 1823 à 1846 dans les États Romains. Modifié par suite d'insuffisance de récoltes, il fut remis en vigueur en 1858. Le jeu de l'échelle mobile, en ce qui concerne l'exportation, est directement inverse au système applicable à l'importation.

Dans les Deux-Siciles, le tarif de 1850 avait établi des droits différentiels à l'importation et à l'exportation, suivant que le transport avait lieu par bâtiments nationaux ou étrangers. Ce régime, suspendu temporairement, puis légèrement modifié en 1858, fut rétabli par la suite.

Actuellement, les droits sont fixés à 7 fr. 50 par quintal pour le blé et à 11 fr. 50 pour la farine.

PAYS-BAS. — En 1838, on remplaça le régime du droit fixe (0 fr. 52 par quintal) en vigueur depuis 1830, par celui de l'échelle mobile. Le droit, fixé à 0 fr. 435 quand le prix du blé était supérieur à 19 francs l'hectolitre, s'élevait progressivement à mesure que les cours descendaient de 19 francs à 10 fr. 60. Au-dessus de ce taux, la taxe à l'entrée était de 6 fr. 40. Lorsque le prix dépassait 16 fr. 90 l'hectolitre, l'exportation était soumise à un droit de 0 fr. 87 par hectolitre.

Le système du droit fixe (0 fr. 50 par hectolitre) fut rétabli en 1847 et, depuis, le régime douanier comporte l'exemption au tarif d'importation.

RUSSIE. — L'exportation des céréales, soumise jusqu'en 1851 à un droit de 12 centimes par hectolitre, est devenue entièrement libre à cette époque. Sous l'empire du tarif de 1857, les droits à l'entrée sur le blé sont de 1 fr. 72 ou 0 fr. 57 par hectolitre, suivant que l'importation a lieu par mer ou par voie de terre. Actuellement, l'importation est exempte de droits en ce qui concerne le blé, tandis que la farine est taxée à 7 fr. 326 le quintal.

SUISSE. — D'après le tarif de 1851, les droits sont, à l'importation, de 0 fr. 30 par quintal pour les céréales et légumes secs et de 1 franc par quintal pour la farine. Antérieurement, aucune taxe n'était perçue. Le droit à la sortie est de 0 fr. 20 par quintal pour les grains et les farines.

Actuellement, le tarif d'importation est fixé à 0 fr. 30 par quintal pour le blé et à 2 fr. 50 pour la farine.

d.

Le tableau ci-dessous permet de se rendre compte des tarifs douaniers actuellement en vigueur en ce qui concerne les blés et les farines.

PAYS.	DROITS DE DOUANE EXPRIMÉS EN FRANCS PAR QUINTAL MÉTRIQUE.				DATE D'ÉTABLISSEMENT des tarifs.
	BLÉS.		FARINES.		
	Tarif maximum.	Tarif minimum.	Tarif maximum.	Tarif minimum.	
Allemagne...............	9 375	6 875	23 4375	12 75	25 décembre 1912. (Appliqué depuis 1906.)
Angleterre.................	Exempt.		Exempt.		
Autriche-Hongrie.............	7 85	6 60	"	15 75	Mars 1909.
Brésil..................	"	2 832 (1)	"	7 08 (1)	Juin 1898.
Belgique..	Exempt.		"	2 00	Mars 1907.
Bulgarie.................	"	0 50	"	5 00	Juillet 1910.
Danemark................	Exempt.		Exempt.		1900.
Espagne.................	8 00	8 00	14 00	14 00	Juillet 1906.
États-Unis...............	"	4 76	"	25 0/0 ad valorem.	1909.
Italie...................	"	7 50	"	11 50	Juillet 1906.
Pays-Bas.....	Exempt.		Exempt.		
Roumanie................	"	0 05	"	9 00	Juillet 1906.
Russie........	Exempt.		"	7 326	Février 1892.
Suisse..................	"	0 30	"	2 50	Mars 1906.
Suède..................	"	5 14	"	9 03	Mars 1899.
Uruguay................	"	7 236	"	18 36 (2)	Juin 1904.

(1) 35 p. 100 en or, le reste en papier monnaie au cours du jour. Il y a en outre une surtaxe de 2 p. 100 en or dans certains ports (Rio de Janeiro, Bahia-Blanca, etc.). A l'ora, la taxe est de 8 fr. 496 or par quintal.

(2) Droit obtenu par une taxe fixe de 2 piastres 70 or (14 fr. 72), plus une taxe de 8,5 p. 100 ad valorem, la valeur du quintal étant fixée à 8 piastres or.

* * *

Pour terminer l'exposé de la situation actuelle, il y a lieu de donner ici quelques indications sur les instructions données par le Ministre de l'Agriculture pour se conformer aux engagements pris par le Gouvernement devant la Chambre.

Il a été ouvert, en France et dans les pays étrangers offrant quelque intérêt à cet égard, une enquête générale en vue de rechercher le prix de revient du blé dans les différents pays et les procédés capables d'accroître la production de cette céréale.

Cette enquête, poursuivie par l'*Office de Renseignements agricoles*, porte sur les points suivants :

1° Prix de revient approximatif du quintal de froment, selon les diverses régions culturales.

Pour établir ce prix de revient, les enquêteurs ont été invités à déterminer, autant qu'il leur était possible, pour chacune des régions agricoles :

a) Le montant de l'impôt foncier et l'évaluation des charges de toute nature que les autres impôts directs ou indirects font peser sur l'agriculture, ainsi que la quote-part supportée par la culture du blé.

b) Le loyer ou la rente du sol, soit d'après la valeur vénale de la terre, soit d'après le montant des fermages.

c) L'intérêt du capital engagé (machines, bétail, etc.).

d) La quantité et le prix de la semence employée.

e) Les dépenses de main-d'œuvre.

f) Évaluation des charges diverses incombant à l'agriculture (assurances, accidents du travail, retraites ouvrières, etc.).

2° *Superficie cultivée correspondante, dans chaque région, au prix de revient établi.*

3° *Possibilité d'augmenter la superficie ensemencée en blé et influence ultérieure de cette augmentation sur le prix de revient et le rendement total.*

4° *Possibilité d'accroître le rendement à l'hectare sur les terres actuellement en blé et influence de cet accroissement sur le prix de revient du quintal.*

* *

Cette étude sommaire de la culture et de la production du blé, sous ses phases diverses, et depuis une époque assez éloignée, permet de constater que le retour au régime protecteur a marqué pour la France le début d'une ère de prospérité. L'agriculteur, certain désormais, de pouvoir travailler à l'abri des perturbations économiques et de trouver dans la vente de ses produits la juste rémunération de son labeur, a multiplié ses efforts pour obtenir de ses terres le maximum de production.

N'est-ce pas, en effet, grâce à des droits protecteurs judicieusement établis que l'agriculture française a vu se dissiper la crise prolongée qui paralysait son action et menaçait de laisser prendre à la concurrence étrangère une place prépondérante sur nos marchés d'approvisionnement ? Par l'amélioration rationnelle de ses procédés culturaux, par l'accroissement régulier du rendement à l'hectare, notre agriculture se trouve désormais en mesure de produire le blé dans de meilleures conditions que par le passé et de satisfaire, en année normale, aux besoins croissants de la consommation intérieure. De tels résultats ont contribué puissamment à accroître la richesse nationale, puisqu'ils ont empêché l'exode des capitaux considérables nécessaires, autrefois, aux achats de blés étrangers.

La production du blé en France progresse, d'ailleurs, dans des conditions telles que, vers 1900, lorsque les cours de cette céréale fléchirent brusquement, à la suite de la suspension des droits de douane tentée en 1898, quelques esprits alarmistes se crurent fondés à attribuer la dépréciation des prix à l'importance de plus en plus grande de la production nationale. C'est ainsi que, dans la presse agricole de l'époque, d'aucuns émirent cette opinion que les professeurs d'agriculture, en incitant les cultivateurs à accroître leurs rendements par l'application des progrès de la science aux méthodes culturales, avaient provoqué, en ce qui concerne le blé, une rupture d'équilibre entre l'offre et la demande.

Depuis cette époque, où des circonstances passagères avaient provoqué ces alarmes, la production du blé se développe en France d'année en année, par le seul fait de l'accroissement des rendements à l'hectare. Les agriculteurs sont, du reste, persuadés qu'ils peuvent élever cette production dans des proportions encore très importantes. Cette conviction résulte moins de l'infériorité de nos rendements moyens à l'hectare par rapport à ceux d'autres pays, ou des différences très sensibles constatées à cet égard dans les diverses régions de France que des écarts observés sur des exploitations situées dans des conditions identiques. En effet, dans une région donnée et pour la même année, on observe facilement d'un domaine à un autre, des écarts d'un tiers, et parfois davantage, dans la production à l'hectare. Sans même envisager des situations extrèmes, c'est-à-dire sans comparer des exploitations modèles et d'autres particulièrement négligées, les différences sont souvent très accusées et par conséquent susceptibles d'être réduites.

En résumé, deux faits dominants se dégagent de la présente étude :

D'une part, la culture du blé constitue en quelque sorte la base fondamentale de l'assolement de la plupart des exploitations agricoles de notre pays et, d'un autre côté, la puissance productive de l'agriculture française, en ce qui concerne cette céréale, permet de satisfaire, de plus en plus régulièrement, aux besoins de la consommation nationale.

Une situation aussi favorable n'a pu être acquise qu'à l'abri d'une législation douanière équitablement protectionniste. On conçoit, dès lors, que les défenseurs des intérêts agricoles aient manifesté de légitimes appréhensions en présence des doléances formulées par les détracteurs du régime économique dont nous jouissons actuellement. Alors que ces derniers voient dans une réduction des taxes douanières le moyen de provoquer un fléchissement sensible et durable du prix du blé, les partisans d'une protection efficace des produits agricoles sont loin d'attendre d'une telle mesure une amélioration des cours. Ils estiment, en outre, qu'une modification de cette nature serait, sans aucun doute, susceptible de compromettre, peut-être irrémédiablement, l'œuvre poursuivie depuis si longtemps, avec autant d'opiniâtreté que de succès, par l'agriculture nationale.

PREMIÈRE PARTIE.

SUPERFICIES CULTIVÉES. — PRODUCTION. — IMPORTATIONS.

EXPORTATIONS.

QUANTITÉS DISPONIBLES. — POPULATION.

FRANCE.

ANNÉES.	SUPER-FICIE CULTIVÉE.	PRODUCTION QUINTAUX.	PRODUCTION HECTO-LITRES.	IMPORTATIONS. (Commerce spécial.) GRAINS. Quintaux.	FARINES. Quintaux de farine.	Quintaux de farine convertis en quintaux de grains.	TOTAL en quintaux de grains.	EXPORTATIONS. (Commerce spécial.) GRAINS. Quintaux.	FARINES. Quintaux de farine.	Quintaux de farine convertis en quintaux de grains.	TOTAL en quintaux de grains.	EXCÉDENTS des importations sur les exportations en quintaux de grains.	EXCÉDENTS des exportations sur les importations en quintaux de grains.	QUANTITÉ TOTALE représentée par la production augmentée de l'importation, déduction faite de l'exportation. Quintaux.	PRIX MOYEN du quintal.	POPU-LATION.
1	2	3	4	5	6	7	8	9	10	11	12	13	14	15	16	17
	hectares.	quintaux.	hectolitres.	quintaux.	quint¹.	quintaux.	quintaux.	quintaux.	quint¹.	quintaux.	quintaux.	quintaux.	quintaux.	quintaux.	fr. c.	
1810															26 81	29,280,000
1811															34 19	29,350,000
1812															42 85	29,370,000
1813															29 65	29,330,000
1814															23 02	29,340,000
1815	4,591,677		39,460,071												25 36	29,380,000
1816	4,472,260	32,487,520	43,316,694	372,555	27,795	39,746	412,301	11,793	3,779	5,404	17,197	395,104	»	32,882,624	36 76	29,480,000
1817	4,672,305	35,988,018	47,984,044	1,481,595	79,899	114,255	1,596,150	1,342	3,186	4,556	5,898	1,590,252	»	37,578,285	48 96	29,700,000
1818	5,023,262	39,523,445	52,697,027	1,292,567	29,654	42,834	1,335,401	103	18,677	26,708	26,811	1,308,590	»	40,832,035	32 01	29,880,000
1819		38,313,447	45,501,471	957,621	14,073	20,194	977,745	40,387	64,649	92,448	132,785	844,960	»	36,150,407	23 92	30,000,000
1820	4,683,785	33,260,790	44,347,720	495,466	823	1,177	496,643	51,046	85,602	122,405	173,545	323,100	»	33,583,890	25 51	30,250,000
Moyenne quinquennale.	4,809,584	35,315,047	46,781,571	920,020	30,509	43,627	963,649	20,934	35,190	50,322	71,247	892,402	»	36,207,449	33 05	»
1821	4,753,079	43,604,451	56,219,268	442,685	10,756	15,381	458,066	37,223	74,948	107,175	144,400	313,666	»	43,978,117	23 72	30,450,000
1822	4,707,810	38,142,530	50,856,707	714	151	216	930	41,200	87,020	125,296	166,496	»	165,566	37,976,964	20 66	30,700,000
1823	4,854,816	44,007,046	58,676,062	»	621	888	888	24,730	92,952	132,921	157,650	»	156,772	43,850,874	23 36	30,910,000
1824	4,884,232	46,341,729	61,788,972	531	274	392	923	21,586	94,461	135,079	156,665	»	155,742	46,185,987	21 63	31,100,000
1825	4,854,169	45,776,382	61,035,177	709,094	339	485	709,579	435,300	108,853	155,660	590,960	118,619	»	45,805,001	20 99	31,410,000
1826	4,805,088	44,723,037	59,631,017	402	220	314	800	244,023	105,285	150,562	395,185	»	394,370	44,329,558	21 14	31,600,000
1827	4,902,051	42,559,158	56,785,544	44,805	1,709	2,444	47,249	23,119	122,470	175,132	198,212	»	150,993	42,435,465	23 26	31,800,000
1828	4,918,130	44,117,634	58,823,512	850,327	19,953	28,533	878,860	49,307	78,784	112,661	161,968	716,892	»	44,833,526	29 88	32,000,000
1829	5,023,453	48,214,140	64,285,521	1,207,338	63,416	90,796	1,298,134	46,000	85,540	122,760	169,366	1,128,774	»	49,342,914	30 00	32,280,000
1830	5,011,704	39,586,506	52,782,008	1,452,702	63,969	91,476	1,544,178	2,080	70,551	100,888	102,968	1,441,210	»	41,027,716	30 05	32,370,000
Moyenne décennale.	4,892,648	43,716,441	58,286,583	470,868	16,148	23,092	493,961	92,577	92,177	131,813	224,390	269,571	»	43,986,012	24 42	»
1831	5,511,155	42,322,270	56,429,694	787,662	46,255	66,078	855,740	97,713	67,793	96,847	194,560	650,180	»	42,981,450	29 95	32,570,000
1832	5,159,357	60,066,702	80,089,016	3,158,479	132,216	188,880	3,347,359	30,589	95,953	136,706	167,293	3,180,066	»	63,246,828	28 65	32,730,000
1833	5,242,779	49,555,555	66,073,141	3,976	536	766	4,732	30,468	100,952	144,217	174,685	»	159,948	49,389,012	21 80	32,820,000
1834	5,302,748	46,485,910	61,981,226	331	8	11	342	39,071	111,333	159,047	198,118	»	197,776	46,288,143	20 99	33,070,000
1835	5,535,043	53,773,113	71,697,484	316	20	28	344	26,847	124,735	178,193	205,040	»	204,696	53,568,417	20 16	33,260,000
1836	5,264,807	42,557,793	56,585,725	165,538	28	40	165,578	28,281	143,246	204,637	232,918	»	67,340	42,392,215	23 53	33,340,000
1837	5,407,808	50,936,650	67,915,585	213,710	72	103	213,819	45,926	214,571	306,958	352,884	»	139,065	50,795,815	24 57	33,090,000
1838	5,460,701	50,801,078	67,743,571	74,472	729	1,041	75,513	222,704	185,706	265,428	487,927	»	412,414	50,803,264	23 83	33,700,000
1839	5,384,288	38,501,709	64,935,732	864,909	15,925	18,607	883,570	339,330	179,320	249,043	588,371	295,205	»	38,007,004	26 00	33,940,000
1840	5,531,782	60,060,328	80,850,131	1,583,526	67,707	96,724	1,680,550	11,789	97,321	139,030	150,819	1,529,731	»	62,190,054	28 40	34,080,000
Moyenne décennale.	5,362,398	51,099,716	68,132,955	685,311	26,059	37,228	722,539	87,182	131,607	188,010	275,192	447,347	»	51,547,064	25 23	»
1841	5,562,665	53,597,762	71,463,683	116,838	292	417	117,255	332,651	201,443	287,775	640,626	»	523,371	53,076,391	24 95	34,230,000
1842	5,576,110	53,483,665	71,314,220	416,990	3,458	4,920	421,030	403,732	168,000	240,141	643,873	»	221,045	53,263,720	25 43	34,450,000
1843	5,664,105	61,461,133	73,650,500	1,513,692	3,484	4,977	1,518,669	70,503	101,562	145,003	215,506	1,303,163	»	56,541,045	27 40	34,660,000
1844	5,619,337	61,651,133	82,451,845	1,827,073	5,879	8,398	1,835,371	78,025	142,032	203,785	252,713	1,573,658	»	63,414,701	25 06	31,900,000
1845	5,743,135	72,895,703	97,168,211	1,963,280	560,634	781	1,044	561,678	200,015	145,197	207,424	327,439	224,239	34,200,699	26 44	35,160,000
1846	5,936,905	45,322,726	60,690,968	3,606,765	55,232	78,903	3,685,671	20,130	114,290	163,271	183,410	3,502,261	»	49,025,987	31 70	35,400,000
1847	5,979,311	53,908,385	97,611,140	6,631,736	658,814	936,577	7,571,013	44,473	72,039	102,913	147,386	7,424,227	»	59,632,582	38 22	35,470,000
1848	5,973,371	65,095,820	87,909,435	925,853	8,183	11,000	931,363	747,035	487,611	696,587	1,443,672	»	506,129	65,489,691	21 53	35,520,000
1849	5,966,163	65,071,284	90,761,712	3,053	241	344	3,377	1,125,855	763,530	1,091,198	2,219,783	»	2,216,406	65,834,878	20 20	35,550,000
1750	5,051,384	65,090,001	87,986,755	435	156	104	632	1,274,495	1,249,444	1,754,920	3,259,415	»	3,258,783	62,731,308	19 12	35,030,000
Moyenne décennale.	5,803,249	59,692,318	79,589,758	1,562,695	73,345	104,778	1,667,474	444,080	344,612	492,802	936,382	731,092	»	60,423,409	26 12	»
1851	5,999,376	64,469,674	85,950,232	76,847	43	61	76,908	1,452,706	1,533,218	2,190,311	3,643,017	»	3,556,109	60,923,365	16 04	35,800,000
1852	6,000,049	64,540,934	86,055,386	200,304	399	570	200,954	720,819	734,133	1,048,790	1,760,609	»	1,568,645	62,980,391	23 28	35,950,000
1853	6,210,605	47,781,776	63,709,038	3,138,142	313,071	448,101	3,586,243	149,091	445,300	626,271	776,262	2,809,981	»	50,591,789	29 04	35,070,000
1854	6,408,223	72,895,703	99,104,271	3,199,770	684,626	978,037	4,177,807	38,538	105,519	150,741	189,079	3,988,728	»	76,884,431	38 31	36,230,000
1855	6,619,330	54,702,544	72,936,726	2,353,951	283,058	404,368	2,758,319	698	100,659	143,795	144,493	2,613,826	»	57,316,370	33 94	36,080,000
1856	6,465,236	63,981,714	85,308,953	5,367,993	849,066	1,212,031	6,580,044	53	88,521	126,455	126,511	6,453,533	»	70,435,247	40 47	36,100,000
1857	6,593,530	62,819,404	110,426,462	2,757,315	109,133	155,935	2,913,250	91,996	147,471	210,673	302,369	2,011,381	»	65,331,927	31 50	36,240,000
1858	6,630,688	82,072,310	109,080,747	1,302,790	48,205	68,945	1,371,735	2,937,300	1,332,767	1,903,053	4,391,453	»	3,460,715	79,022,985	21 87	36,340,000
1859	6,700,278	65,050,470	87,345,960	1,035,906	10,432	14,903	1,050,869	3,270,397	2,003,050	2,892,406	6,132,997	»	5,082,126	60,577,842	22 26	36,500,000
1860	6,711,208	76,160,219	101,573,025	534,120	8,936	12,722	546,843	1,838,010	1,245,400	1,779,151	3,617,167	»	3,070,324	73,109,805	20 88	36,510,000
Moyenne décennale.	6,404,063	65,555,229	90,073,640	1,996,688	230,762	328,655	2,326,347	1,050,041	773,678	1,104,254	2,154,285	172,052	»	67,727,282	29 21	»

FRANCE. (Suite.)

ANNÉES.	SUPER-FICIE CULTIVÉE.	PRODUCTION. QUINTAUX.	PRODUCTION. HECTO-LITRES.	IMPORTATIONS. (COMMERCE SPÉCIAL.) GRAINS. Quintaux.	IMPORTATIONS. FARINES. Quintaux de farine.	IMPORTATIONS. Quintaux de farine convertis en quintaux de grains.	IMPORTATIONS. TOTAL en quintaux de grains.	EXPORTATIONS. (COMMERCE SPÉCIAL.) GRAINS. Quintaux.	EXPORTATIONS. FARINES. Quintaux de farine.	EXPORTATIONS. Quintaux de farine convertis en quintaux de grains.	EXPORTATIONS. TOTAL en quintaux de grains.	EXCÉDENTS des importations sur les exportations en quintaux de grains.	EXCÉDENTS des exportations sur les importations en quintaux de grains.	QUANTITÉ TOTALE représentée par la production augmentée de l'importation, déduction faite de l'exportation. Quintaux.	PRIX MOYEN du quintal. fr. c.	POPULATION.
	hectares.	quintaux.	hectolitres.	quintaux.	quintaux.	quintaux.	quintaux.	quintaux.	quint.	quintaux.	quintaux.	quintaux.	quintaux.	quintaux.	fr. c.	
1861	6,751,227	56,357,215	75,116,287	9,197,611	752,271	1,075,073	10,272,314	383,917	377,068	538,669	922,385	9,349,729	»	65,706,911	32 36	37,390,000
1862	6,851,615	73,569,168	99,292,221	1,145,917	160,017	231,195	1,716,712	191,179	161,800	231,143	422,307	1,293,895	»	75,763,565	30 86	37,530,000
1863	6,918,568	87,586,495	116,781,591	1,623,177	158,658	226,625	1,831,862	158,661	114,548	163,590	622,151	1,229,651	»	88,816,146	25 55	37,710,000
1864	6,880,673	83,455,513	111,271,018	561,201	31,559	19,227	610,125	831,197	498,200	711,718	1,542,011	»	932,163	82,523,030	23 55	37,860,000
1865	6,903,822	71,678,707	95,351,609	231,593	17,766	25,295	257,237	2,217,230	957,019	1,367,170	3,584,400	»	3,327,163	68,331,317	21 88	38,020,000
1866	6,915,565	63,818,591	85,131,455	508,191	21,601	30,855	629,049	2,352,156	1,933,529	2,763,613	5,145,769	»	3,516,720	59,331,871	26 33	38,080,000
1867	6,960,425	62,251,303	83,005,739	5,070,361	1,306,850	1,866,928	6,937,299	230,023	126,292	180,317	430,110	6,506,919	»	68,761,133	35 74	38,230,000
1868	7,062,841	87,587,250	116,783,000	7,841,237	322,973	460,665	8,301,931	361,292	101,488	119,268	510,610	7,791,421	»	95,381,671	34 69	38,330,000
1869	7,031,087	80,936,165	107,911,553	1,338,282	31,463	49,117	1,385,429	541,832	121,920	663,372	723,657	»	»	81,679,922	26 61	38,390,000
1870		74,213,712	98,988,681	3,573,831	328,265	468,450	4,212,281	233,951	53,383	76,961	309,512	3,932,769	»	78,176,981	26 70	38,310,000
Moyenne décennale.	6,923,610	74,243,712	98,888,631	3,438,560	337,671	482,386	3,920,947	785,070	441,256	630,366	1,415,436	2,505,511	»	78,749,223	28 29	
1871	6,492,883	51,957,311	69,276,419	9,198,322	622,034	955,703	10,111,055	59,368	39,562	56,517	115,885	10,328,200	»	62,285,311	31 16	36,190,000
1872	6,937,922	90,602,391	120,803,130	1,045,184	139,518	199,311	4,214,495	2,311,924	513,185	775,976	3,117,902	1,126,593	»	91,729,185	30 58	36,110,000
1873	6,823,936	61,119,301	81,492,667	1,953,827	167,500	239,133	3,192,970	1,003,870	836,239	1,223,198	2,229,068	2,963,502	»	61,353,102	33 57	36,310,000
1874	6,871,180	99,517,622	133,130,193	7,900,873	212,820	304,028	8,204,901	732,087	681,969	978,311	1,710,601	6,494,297	»	106,311,919	32 69	36,190,000
1875	6,916,041	73,476,216	109,634,564	3,163,111	28,808	11,197	3,234,908	1,583,509	1,134,518	3,063,874	4,917,243	»	1,352,332	71,093,819	23 54	36,660,000
1876	6,850,438	71,579,871	95,159,832	3,281,539	40,607	58,010	3,339,169	661,260	1,307,426	1,867,531	2,520,611	2,810,458	»	71,390,339	26 69	36,830,000
1877	6,076,785	75,109,235	100,115,651	3,397,362	63,457	90,623	3,388,086	1,475,676	1,681,561	2,406,805	3,851,681	»	393,305	75,715,853	31 49	37,000,000
1878	6,813,023	71,453,023	95,270,608	13,873,173	71,137	106,338	13,959,811	96,983	363,081	518,601	615,175	13,364,636	»	85,817,659	27 90	37,140,000
1879	6,044,623	39,873,313	70,333,566	24,170,990	114,282	170,360	22,311,386	56,205	191,099	272,988	329,283	22,012,043	»	81,845,838	28 20	37,320,000
1880	6,579,875	75,501,773	99,571,559	19,099,459	280,618	400,918	20,100,335	88,491	151,812	216,874	305,815	20,094,820	»	63,309,313	29 66	37,450,000
Moyenne décennale.	6,650,880	73,262,393	97,542,117	9,461,471	178,898	255,569	9,717,040	837,027	796,683	1,138,119	1,975,466	7,741,894	»	81,024,284	30 03	
1881	6,950,114	75,676,333	96,840,336	12,832,055	235,603	336,705	13,188,758	86,170	166,931	238,187	321,957	12,863,501	»	88,540,156	28 82	37,590,000
1882	6,907,702	93,482,716	122,153,821	12,936,981	326,636	466,651	13,113,632	85,004	97,112	139,160	223,164	13,190,468	»	100,673,181	27 69	37,730,000
1883	6,803,821	79,261,391	103,733,129	10,117,673	434,890	615,357	10,733,230	103,713	122,736	175,363	279,078	10,454,152	»	89,715,543	21 83	37,860,000
1884	7,032,221	88,231,301	115,230,977	12,519,210	303,491	419,273	11,938,892	39,518	107,084	152,977	192,495	11,673,967	»	98,310,678	25 10	38,010,000
1885	6,916,763	83,151,192	109,801,869	6,157,861	293,348	126,211	6,884,072	73,282	56,363	80,351	197,558	6,686,411	»	91,967,011	21 27	38,110,000
1886	6,936,167	82,357,388	107,282,882	7,097,166	252,653	360,948	7,458,105	24,365	76,530	109,351	137,706	7,320,698	»	89,678,286	22 43	38,230,000
1887	6,967,466	87,094,689	112,436,107	8,967,143	190,727	272,467	9,239,610	9,178	38,929	68,046	78,421	9,161,186	»	96,235,868	23 15	38,370,000
1888	6,978,139	74,960,693	98,750,728	11,385,123	277,632	396,617	11,753,750	13,112	92,153	131,617	115,659	11,608,681	»	86,678,371	24 70	38,290,000
1889	7,038,965	83,230,671	108,319,771	11,417,392	136,898	195,889	11,833,190	11,048	113,720	162,326	173,876	11,680,914	»	93,911,585	24 00	38,370,000
1890	7,061,739	80,733,361	110,015,880	10,332,019	317,158	153,311	11,005,525	5,874	85,568	122,210	128,110	10,877,411	»	100,611,102	24 98	38,350,000
Moyenne décennale.	6,987,315	83,922,356	109,052,971	10,233,514	313,987	448,481	10,678,965	45,816	99,685	142,407	188,023	10,491,972	»	94,414,228	24 51	
1891	5,759,596	59,508,867	77,299,524	19,601,833	712,027	1,019,684	20,661,852	7,362	66,291	101,053	20,559,937	»	»	76,068,754	27 12	38,350,000
1892	6,986,628	84,567,212	109,357,907	18,849,370	123,666	607,954	19,550,321	8,410	127,600	182,343	190,753	19,959,568	»	103,826,810	23 60	38,350,000
1893	7,073,030	75,592,223	97,799,080	10,031,629	129,413	227,161	10,258,790	17,799	196,798	281,130	298,930	9,959,863	»	85,532,070	21 38	38,360,000
1894	6,828,898	93,631,130	122,309,207	12,196,188	202,291	288,987	12,785,175	81,891	235,173	336,678	342,569	12,102,606	»	106,079,062	19 85	38,120,000
1895	7,001,660	99,123,606	117,965,793	4,505,301	396,131	399,173	5,001,777	20,718	132,416	189,451	210,169	4,791,608	»	97,215,891	19 62	38,450,000
1896	6,850,332	92,600,713	119,752,116	1,584,770	217,073	310,105	1,894,855	11,810	160,341	237,333	298,603	1,626,210	»	94,239,853	19 20	38,320,000
1897	6,883,770	63,921,090	86,900,088	5,226,391	183,869	262,750	5,389,361	5,615	192,327	274,735	280,372	5,208,999	»	71,135,053	23 83	38,600,000
1898	6,903,711	99,312,200	128,096,119	19,543,103	345,694	351,951	20,000,610	17,148	306,736	584,023	598,171	19,491,943	»	118,801,223	18 56	38,600,000
1899	6,040,210	99,459,890	128,118,020	1,300,911	196,381	280,544	1,583,488	10,279	203,837	291,322	310,563	1,274,065	»	100,731,875	19 81	38,900,000
1900	6,802,551	88,508,900	113,710,880	1,293,528	208,686	297,253	1,493,792	13,202	203,559	353,210	369,112	1,193,331	»	89,792,981	19 08	38,900,000
Moyenne décennale.	6,802,551	85,066,534	110,490,122	9,443,582	308,190	437,424	9,880,986	15,503	201,983	288,575	304,078	9,576,908	»	94,643,442	21 89	
1901	6,793,763	84,617,310	109,573,610	1,585,088	251,305	335,950	1,942,038	6,366	185,383	264,832	271,198	1,670,810	»	86,398,380	20 07	38,980,000
1902	6,563,711	89,230,038	115,530,692	2,457,459	292,330	417,757	2,875,216	8,183	192,553	232,220	240,403	2,634,813	»	91,874,651	21 45	39,055,000
1903	6,458,728	98,781,618	128,345,530	3,226,027	227,396	321,831	5,650,858	6,209	119,970	171,398	177,607	3,873,251	»	103,657,689	22 36	39,121,000
1904	6,528,898	81,519,390	105,305,375	2,963,107	206,891	294,843	2,357,931	10,615	290,189	427,312	135,027	2,733,645	»	83,660,331	21 53	39,190,000
1905	6,509,711	91,128,923	118,212,850	1,821,073	123,223	158,892	2,003,965	10,615	290,189	427,312	135,027	1,567,428	»	92,690,853	22 86	39,222,000
1906	6,516,758	80,457,681	111,509,658	3,072,299	57,635	125,192	3,107,901	23,901	266,516	138,165	461,736	2,733,645	»	102,103,326	22 83	39,252,000
1907	6,577,496	103,755,000	132,833,378	3,575,712	175,359	250,313	3,821,253	13,023	266,516	461,201	3,131,171	320,064	»	107,189,171	23 26	39,270,000
1908	6,564,370	86,188,030	111,979,680	710,065	72,745	103,921	853,006	59,751	321,941	461,201	523,912	320,064	»	86,515,114	22 00	39,368,000
1909	6,536,240	97,752,900	123,521,900	1,428,150	13,650	62,350	1,199,800	181,300	138,500	610,600	810,600	893,084	»	98,452,300	23 40	39,421,000
1910	6,554,370	68,806,100	89,601,300	6,348,600	125,150	178,800	6,527,400	13,130	251,550	359,300	373,230	6,154,150	»	77,060,250	23 36	39,328,000
Moyenne décennale.	6,568,404	89,127,749	115,266,557	2,792,884	160,725	229,607	3,012,491	33,057	252,429	360,615	393,672	2,618,819	»	91,746,568	22 60	
1911	6,433,360	87,727,100	111,049,000	21,431,032	138,163	197,573	21,621,605	7,361,000	171,177	211,783	232,397	21,379,358	»	109,106,758	»	
1912	6,353,500	91,182,500	118,600,000													

Superficie .... {
totale .... 53,616,400 hectares.
productive .... 49,757,185 hectares, soit 93.9 p. 0/0.
improductive .... 5,118,679 hectares, soit 6 1 p. 0/0.
terres labourables ... 33,628,846 hectares, soit 67.6 p. 0/0.
céréales .... 13,381,400 hectares, soit 39,6 p. 0 0 des terres labourables.

Densité de la population .... 74 habitants par kilomètre carré.

(1) Évaluation moyenne de la période précédente.

ALGÉRIE.

ANNÉES.	SUPER-FICIE CULTIVÉE.	PRODUC-TION.	RENDEMENT MOYEN à l'hectare.	IMPORTATIONS.			EXPORTATIONS.			EXCÉDENT		QUANTITÉ DISPONIBLE représentée par la production plus l'importation moins l'exportation.	POPU-LATION.
				BLÉ, en grains.	FARINE convertie, en grains.	TOTAL, en grains.	BLÉ, en grains.	FARINE convertie, en grains.	TOTAL, en grains.	des IMPORTA-TIONS.	des EXPORTA-TIONS.		
1	2	3	4	5	6	7	8	9	10	11	12	13	14
	hectares.	quintaux.	quintaux	quintaux.	quintaux.	quintaux.	quintaux.	quintaux.	quintaux.	quintaux.	quintaux.	quintaux.	
1880..	1,338,826	6,830,318	5.1	»	76,004	76,004	1,081,059	41,257	1,122,316		1,046,312	5,784,000	
1881..	1,322,563	4,210,043	3.1	340,356	192,518	532,874	552,785	45,016	597,801		64,927	4,145,116	
1882..	1,245,451	6,589,853	5.3	194,830	304,870	499,700	750,617	56,648	807,265		307,565	6,282,288	
1883..	1,335,629	6,435,437	4.8	124,042	211,450	335,492	422,513	146,651	569,164		233,672	6,201,765	
1884..	1,375,096	8,482,609	6.2	25,009	221,679	246,688	503,863	151,639	655,502		408,814	8,073,795	
1885..	1,315,375	6,613,807	5.0	29,822	56,335	86,157	1,751,824	87,833	1,839,657		1,755,500	4,860,307	
1886..	1,246,518	6,609,007	5.3	29,698	69,845	99,543	1,334,588	53,968	1,388,556		1,289,013	5,375,594	
1887..	1,235,577	5,773,832	4.7	83,486	40,061	123,547	1,160,770	36,938	1,197,708		1,074,161	4,699,671	
1888..	1,239,051	5,470,901	4.4	66,048	116,933	182,981	778,027	25,450	803,477		620,496	4,859,408	
1889..	1,113,329	5,247,032	4.7	183,197	146,105	329,302	1,030,047	18,021	1,048,068		718,766	4,528,286	
1890..	1,302,862	7,756,486	5.9	216,602	86,280	302,882	1,465,891	33,406	1,499,297		1,196,415	6,556,071	
1891..	1,253,135	7,126,138	5.7	120,875	64,452	185,327	909,518	41,993	951,511		766,184	6,359,954	
1892..	1,280,467	5,437,416	4.2	50,678	143,167	193,845	783,176	22,954	806,130		612,285	4,825,131	
1893..	1,312,903	5,447,725	4.2	148,787	231,167	379,954	383,640	13,531	397,171		27,217	5,400,508	
1894..	1,282,455	6,447,580	6.6	63,035	279,461	342,496	786,645	12,969	799,614		457,118	5,990,462	
1895..	1,320,723	7,071,021	5.4	10,742	103,596	114,338	1,130,537	143,545	1,274,082		1,159,744	5,911,277	
1896..	1,262,260	6,236,533	4.9	17,891	203,073	220,964	589,908	61,152	651,060		430,096	5,806,437	
1897..	1,203,852	5,413,387	4.3	9,278	174,354	183,632	454,323	35,287	489,610		305,978	5,107,409	
1898..	1,257,601	7,370,314	5.6	176,816	241,706	418,522	486,837	13,043	499,880		81,358	7,297,956	
1899..	1,303,582	6,064,073	4.6	9,243	171,049	180,292	854,572	53,882	908,454		728,162	5,335,911	
1900..	1,318,359	9,142,736	6.9	10,351	237,154	247,505	835,823	38,353	874,176		626,671	8,516,065	
1901..	1,308,296	8,775,489	6.7	782	122,133	122,915	1,512,638	103,927	1,616,565		1,520,650	7,253,530	
1902..	1,386,700	9,225,118	6.6	4,285	103,275	107,560	1,421,482	119,860	1,541,342		1,433,782	7,791,336	
1903..	1,417,595	9,273,279	6.5	46,029	89,720	135,740	728,658	139,697	864,355		728,615	8,514,661	
1904..	1,314,732	6,945,647	5.3	70,430	67,462	137,892	922,792	134,157	1,056,919		919,037	6,026,590	
1905..	1,374,620	6,961,554	5.0	41,680	75,084	116,764	555,029	127,239	682,268		565,504	6,396,080	
1906..	1,341,695	9,431,077	7.0	156,814	142,028	298,842	1,189,801	68,054	1,257,855		959,013	8,472,061	
1907..	1,318,221	8,507,801	6.4	29,028	64,290	93,318	2,014,743	144,367	2,159,110		2,065,792	6,442,009	
1908..	1,455,679	8,093,813	5.5	52,270	81,534	133,804	724,313	92,076	816,389		682,555	7,411,258	
1909..	1,386,270	9,722,150	7.0	31,392	134,484	165,876	1,215,604	58,384	1,273,988		1,108,112	8,617,038	
1910..	1,438,464	9,763,372	6.8	76,678	63,847	140,525	1,867,149	232,624	2,099,773		1,959,248	7,801,121	
1911..	1,337,411	9,959,934	7.4	87,492	39,271	126,763	1,740,336	253,639	1,993,975		1,867,212	8,092,722	5,231,000
1912..	1,462,714	7,305,019	5.1										

Superficie totale actuelle...................... 505,769 kilomètres carrés.

Densité de la population...................... 10.3 par kilomètre carré.

TUNISIE.

ANNÉES.	SUPER-FICIE CULTIVÉE.	PRODUC-TION.	RENDEMENT à l'hectare.	IMPORTATIONS.			EXPORTATIONS.			EXCÉDENT		QUANTITÉ DISPONIBLE représentée par la production plus l'importation moins l'exportation.	POPU-LATION.
				BLÉ, en grains.	FARINE convertie en grains.	TOTAL, en grains.	BLÉ, en grains.	FARINE convertie en grains.	TOTAL, en grains.	des IMPORTA-TIONS.	des EXPORTA-TIONS.		
1	2	3	4	5	6	7	8	9	10	11	12	13	14
	hectares.	quintaux.	quintaux.	quintaux.	quintaux.	quintaux.	quintaux.	quintaux.	quintaux.	quintaux.	quintaux.	quintaux.	
1880..													
1881..													
1882..													
1883..													
1884..													
1885..													
1886..													
1887..													
1888..													
1889..													
1890.													
1891..													
1892.													
1893.													
1894..													
1895..	348.302	1,730,609	4.98	72,925	440,881	513,806	660,958	1,162	662.120	»	148,514	1,591.186	
1896..	294,997	873,010	2.95	125,492	529,245	654,737	442,528	1,106	443,634	211.103	»	1,081,143	
1897..	321,697	837,191	2.60	151,211	540,105	691,316	439,478	319	439.797	251,519	»	1,088,719	
1898..	355,033	1,130,078	3.12	88,753	358,626	447,379	571,377	604	671,981	»	224,602	914.478	
1899..	376,668	1,029,532	2.73	99,791	450,568	550,359	353,851	1,486	355,337	195,022	»	1,224,552	
1900..	412,687	1,375,554	3.32	139,525	485,778	625,303	430,574	2,457	442,031	183,272	»	1,556.832	
1901..	401,006	1,248,436	3.15	142,100	507,778	649,870	294,911	1,566	296,477	353.393	»	1,601,833	
1902..	430,109	1,163,337	2.70	280,393	530,048	810,441	283,863	3,909	287,772	522,669	»	1,686,200	
1903..	462,050	1,120,752	2.58	387.178	528,090	915,268	777,925	98	778,023	137,245	»	2,257,993	
1904..	486,377	2,372,386	4.90	169,845	445,000	614,845	475,827	11,375	487,202	127,643	»	2,500,029	
1905..	369,793	1,107,000	3.00	235,142	407,166	642,308	63,958	8,703	72,661	569,647	»	1,676,647	
1906..	407,106	1,383,000	3.39	109,722	360,034	469,756	155,496	6,181	161,677	308,079	»	1,691,079	1,801,000
1907..	456,061	1,780,000	3.90	69,160	263,231	332,391	178,964	59,105	238,069	94,322	»	1,874,322	
1908..	430,108	1,600,000	2.30	236,486	413,525	671,012	45,588	6,317	51,905	619,107	»	1,619,107	
1909..	404,522	1,750,000	4.32	201,635	475,606	677,241	196,914	29,980	226,894	150.347	»	2,200,347	
1910..	492,966	1,100,000	2.23	104,540	350,359	454,899	89,212	23,000	112,242	342,657	»	1,312,657	
1911..	567,000	2,350,500	4.15	84,459	338,090	432,549	611,464	22,107	633,571	»	201,022	2,149,978	1,923,000
1912..	511,000	1,150,000	2.25										

Superficie totale.................... 110.000 kilomètres carrés.

Densité de la population............... 15 habitants par kilomètre carré.

Superficie cultivée en céréales............ 1,301,200 hectares.

ANNÉES.	SUPER- FICIE CULTIVÉE	PRODUC- TION.	RENDEMENT MOYEN à l'hectare.	IMPORTATIONS.			EXPORTATIONS.			EXCÉDENT		QUANTITÉ DISPONIBLE représentée par la production plus l'importation moins l'exportation.	POPU- LATION.
				BLÉ, en grains.	FARINE convertie, en grains.	TOTAL, en grains.	BLÉ, en grains.	FARINE convertie, en grains.	TOTAL, en grains.	des IMPORTA- TIONS.	des EXPORTA- TIONS.		
1	2	3	4	5	6	7	8	9	10	11	12	13	14
	hectares.	quintaux.	quintaux.	quintaux.	quintaux.	quintaux.	quintaux.	quintaux.	quintaux.	quintaux.	quintaux.	quintaux.	
					(1)			(1)					
1880..	1,815,200	23,453,000	12.9	2,876,000	»	2,876,000	1,782,000	»	1,782,000	1,094,000		24,547,000	
1881..	1,817,400	20,591,000	11.3	3,619,000	»	3,619,000	534,000	»	534,000	3,085,000		23,676,000	
1882..	1,821,400	25,534,000	14.0	6,872,000	»	6,872,000	625,000	»	625,000	6,247,000		31,781,000	45,234,000
1883..	1,920,900	23,509,000	12.2	6,419,000	»	6,419,000	808,000	»	808,000	5,611,000		29,120,000	
1884..	1,919,000	24,789,000	12.9	7,545,000	»	7,545,000	362,000	»	362,000	7,183,000		31,972,000	
1885..	1,913,800	25,993,000	13.6	5,724,000	»	5,724,000	141,000	»	141,000	5,583,000		31,576,000	
1886..	1,916,600	26,664,000	13.9	2,733,000	»	2,733,000	83,000	»	83,000	2,650,000		29,314,000	
1887..	1,919,700	28,308,000	14.7	5,473,000	»	5,473,000	28,000	»	28,000	5,445,000		33,753,000	
1888..	1,933,300	25,308,000	13.1	3,398,000	»	3,398,000	11,000	»	11,000	3,387,000		28,695,000	
1889..	1,956,400	23,764,000	12.1	5,169,000	»	5,169,000	8,000	»	8,000	5,161,000		28,885,000	
1890..	1,960,200	28,309,000	14.4	6,726,000	»	6,726,000	2,000	»	2,000	6,724,000		35,033,000	49,428,000
1891..	1,885,300	23,338,000	12.4	9,053,000	»	9,053,000	3,000	»	3,000	9,050,000		32,388,000	
1892..	1,975,700	31,629,000	16.0	12,962,000	»	12,962,000	2,000	»	2,000	12,960,000		44,589,000	
1893..	2,044,100	29,948,000	14.7	7,035,000	»	7,035,000	3,000	»	3,000	7,032,000		36,980,000	
1894..	1,980,500	30,125,000	15.2	11,538,000	»	11,538,000	792,000	»	792,000	10,746,000		40,869,000	
1895..	1,930,800	28,076,000	14.5	13,382,000	»	13,382,000	699,000	»	699,000	12,683,000		40,759,000	
1896..	1,926,800	30,084,000	15.6	16,527,000	»	16,527,000	752,000	»	752,000	15,775,000		45,859,000	
1897..	1,920,700	29,133,000	15.2	11,795,000	520,000	12,315,600	1,714,000	520,550	2,234,550	10,081,050		39,214,050	
1898..	1,959,300	30,076,000	18.4	14,775,000	403,900	15,178,900	1,348,000	403,860	1,751,860	14,427,040		50,503,040	
1899..	2,016,500	38,474,000	19.1	13,709,000	601,000	14,310,000	1,974,000	601,060	2,575,060	11,634,940		50,108,940	55,248,000
1900..	2,040,200	38,412,000	18.7	12,935,000	481,000	13,419,000	2,951,000	457,500	3,408,500	10,011,100		48,423,000	56,367,000
1901..	1,581,420	24,988,510	15.8	21,342,000	549,500	21,891,500	928,000	413,400	1,342,000	20,549,500		45,538,010	56,874,000
1902..	1,912,215	39,003,960	20.4	20,745,300	451,000	21,196,000	822,000	269,300	1,111,000	20,085,000		59,088,960	57,767,000
1903..	1,807,475	35,559,640	19.7	19,291,000	457,000	19,748,000	1,803,000	375,550	2,179,000	17,569,000		53,119,640	58,629,000
1904..	1,917,513	38,048,280	19.8	20,211,300	361,500	20,573,000	1,596,000	2,236,800	3,382,000	16,741,000		54,789,280	59,475,000
1905..	1,927,127	36,998,320	19.2	22,875,000	305,500	23,181,400	1,647,000	1,269,500	2,905,000	20,275,000		57,273,320	60,641,000
1906..	1,935,993	39,305,630	20.3	20,060,800	307,500	20,368,300	2,004,000	842,600	2,847,000	17,541,000		56,936,630	61,142,000
1907..	1,746,787	34,703,240	19.9	24,548,500	281,000	24,829,500	958,000	254,300	2,212,500	22,017,000		57,410,240	61,983,000
1908..	1,884,600	37,677,070	20.0	20,905,500	242,500	21,148,000	2,611,000	2,163,000	4,774,000	16,374,000		54,051,670	62,832,000
1909..	1,831,383	37,557,470	20.5	24,331,000	179,500	24,510,500	2,098,000	2,356,700	4,454,500	20,056,000		57,613,470	63,695,000
1910..	1,942,916	38,614,790	19.9	23,437,500	200,500	23,638,000	2,814,000	2,714,500	5,528,400	18,110,000		56,724,790	64,925,000
1911..	1,974,197	40,663,350	20.6										
1912..													

Superficie totale actuelle..................... 540,777 kilomètres carrés.

Densité de la population..................... 120 par kilomètre carré.

Superficie.......... { territoriale.......... 54,064,785 hectares.

{ productive.......... 51,153,756 hectares, soit 94.6 p. o/o.

{ improductive....... 2,911,029 hectares, soit 5.4 p. o/o.

{ des terres labourables.. 25,774,526 hectares, soit 48.6 p. o/o.

{ des céréales .... 14,667,702 hectares, soit 56.8 p. o/o des terres labourables.

(1) Avant 1897, les statistiques ne font aucune distinction entre les diverses espèces de farine.

AUTRICHE-HONGRIE.

ANNÉES.	SUPER-FICIE CULTIVÉE.	PRODUC-TION.	RENDEMENT MOYEN à l'hectare.	IMPORTATIONS.			EXPORTATIONS.			EXCÈDENT		QUANTITÉ DISPONIBLE représentée par la production plus l'importation moins l'exportation.	POPU-LATION.
				BLÉ, en grains.	FARINE convertie, en grains.	TOTAL, en grains.	BLÉ, en grains.	FARINE convertie, en grains.	TOTAL, en grains.	des IMPORTA-TIONS.	des EXPORTA-TIONS.		
1	2	3	4	5	6	7	8	9	10	11	12	13	14
	hectares.	quintaux.	quintaux.	quintaux.	quintaux.	quintaux.	quintaux.	quintaux.	quintaux.	quintaux.	quintaux.	quintaux.	
1880..	3,505,000	35,205,600	10.04	3,246,000	"	3,246,000	2,016,000	"	2,016,000	1,230,000		36,435,600	
1881..	3,526,179	34,303,751	9.72	2,493,000	"	2,493,000	2,080,000	"	2,080,000	413,000		34,716,751	
1882..	3,509,519	46,499,556	13.24	2,296,000	"	2,296,000	4,335,000	"	4,335,000		2,039,000	44,460,556	
1883..	3,660,954	33,946,033	9.27	1,662,000	"	1,662,000	2,808,000	"	2,808,000		1,146,000	32,800,033	38,044,000
1884..	3,856,401	39,835,009	10.33	1,286,000	"	1,286,000	1,109,000	"	1,109,000	177,000		40,012,009	
1885..	4,096,000	45,507,500	11.11	1,381,283	"	1,381,283	1,575,262	"	1,575,262		193,874	45,313,621	
1886..	4,100,000	41,526,000	10.13	226,348	"	226,348	2,095,529	"	2,095,529		1,869,181	39,656,819	
1887..	4,108,000	55,616,000	13.53	76,618	"	76,618	2,335,025	"	2,335,025		2,258,407	53,356,593	
1888..	4,131,000	52,805,000	12.78	11,178	"	11,178	4,141,214	"	4,141,214		4,130,036	48,674,964	
1889..	4,185,000	57,205,000	8.89	17,993	"	17,993	2,559,318	"	2,559,318		2,541,325	54,663,675	
1890..	4,313,000	54,150,000	12.55	42,411	"	42,411	2,368,896	"	2,368,896		2,326,485	51,832,515	
1891..	4,321,000	50,786,000	11.75	95,187	"	95,187	1,548,092	"	1,548,092		1,452,905	49,333,095	42,927,000
1892..	4,397,000	54,564,000	12.40	131,539	"	131,539	750,565	"	750,565		619,026	53,944,974	
1893..	4,620,000	57,552,000	12.45	207,224	"	207,224	761,772	"	761,772		554,548	56,997,452	
1894..	4,531,000	54,909,000	12.11	278,160	"	278,160	646,238	"	646,238		368,078	54,540,922	
1895..	4,425,000	57,754,000	13.05	188,094	"	188,094	678,594	"	678,594		490,500	57,263,500	
1896..	4,422,000	55,241,000	12.49	132,805	"	132,805	561,902	"	561,902		429,097	54,811,903	
1897..	4,071,000	33,125,000	8.14	1,274,574	"	1,274,574	281,668	"	281,668	992,906		34,117,906	
1898..	4,358,000	50,746,000	11.64	2,025,570	"	2,025,570	29,003	"	29,003	1,996,567		52,742,567	
1899..	4,487,000	54,570,000	12.16	730,761	"	730,761	7,169	"	7,169	723,592		55,309,592	45,109,000
1900..	4,629,000	52,571,000	11.35	359,223	"	359,223	81,741	"	81,741	277,482		52,848,482	45,405,000
1901..	4,657,817	47,622,304	10.43	315,567	"	315,567	212,774	"	212,774	102,793		47,725,097	45,850,000
1902..	4,680,003	63,291,534	13.31	945,727	"	945,727	141,121	"	141,121	804,606		64,096,140	46,304,000
1903..	4,786,500	60,047,786	12.67	224,461	"	224,461	164,213	"	164,213	60,248		60,702,034	46,705,000
1904..	4,810,239	54,609,032	11.35	2,192,973	"	2,192,973	31,919	"	31,919	2,161,054		56,770,106	47,154,000
1905..	4,848,183	61,268,313	12.63	1,081,600	"	1,081,600	13,423	"	13,423	1,068,177		62,336,490	47,438,000
1906..	5,014,420	72,397,403	14.43	331,156	"	331,156	304,430	"	304,430	26,726		72,424,129	47,896,000
1907..	4,731,533	49,817,557	10.53	23,823	12,080	35,903	185,886	936,404	1,122,290		1,086,387	48,731,170	48,317,000
1908..	5,031,878	61,930,329	12.30	79,016	3,523	82,539	3,006	524,631	528,637		446,008	61,484,231	48,758,000
1909..	4,751,629	49,035,835	10.50	7,341,831	52,661	7,394,492	2,939	207,160	210,119	7,184,373		57,120,211	49,065,000
1910..	5,007,578	64,070,577	12.96	2,817,651	48,456	2,866,107	7,750	185,147	192,897	2,673,210		67,043,787	49,458,576
1911..	4,928,937	67,805,028	13.75										
1912..													

Superficie totale actuelle................... 675,887 kilomètres carrés.
Densité de la population................... 76 par kilomètre carré.

Superficie {
totale............. 64,406,493 hectares.
productive............ 59,457,187 hectares, soit 95.2 p. o/o.
improductive........ 3,029,306 hectares, soit 4.8 p. o/o.
des terres labourables.. 21,879,962 hectares, soit 39.21 p. o/o.
des céréales.......... 17,033,295 hectares, soit 68.46 p. o/o des terres labourables.
}

(1) Avant 1907, les différentes espèces de farine sont mélangées.

BELGIQUE.

ANNÉES.	SUPERFICIE CULTIVÉE.	PRODUCTION.	RENDEMENT moyen à l'hectare.	IMPORTATIONS.			EXPORTATIONS.			EXCÉDENT		QUANTITÉ DISPONIBLE représentée par la production plus l'importation moins l'exportation	POPULATION.
				BLÉ, en grains.	FARINE convertie, en grains.	TOTAL, en grains.	BLÉ, en grains.	FARINE convertie, en grains.	TOTAL, en grains.	des IMPORTATIONS.	des EXPORTATIONS.		
1	2	3	4	5	6	7	8	9	10	11	12	13	14
	hectares.	quintaux.	quintaux.	quintaux.	quintaux.	quintaux.	quintaux.	quintaux.	quintaux.	quintaux.	quintaux.	quintaux.	
				(1)				(1)					
1880..	275,756	5,005,406	18.14	6,338,655	»	6,388,655	2,344,004	»	2,344,004	3,994,681			9,000,087	
1881..		4,263,149	15.45	6,088,755	"	6,088,755	2,149,826	"	2,149,826	3,938,929			8,202,078	
1882..		4,395,000	17.77	7,110,441	"	7,110,441	2,995,260	"	2,995,260	4,115,181			8,510,181	5,520,000
1883..		4,575,000	17.69	6,788,232	v	6,788,232	2,247,102	"	2,247,102	4,541,130			9,116,130	
1884..		4,535,000	17.46	7,440,233	»	7,440,233	2,638,656	»	2,638,656	4,801,577			9,336,572	
1885..		4,720,000	18.45	6,725,215	586,278	7,311,493	1,527,891	936,088	2,464,579	4,846,914			9,566,914	
1886..	283,361	4,700,000	18.15	6,553,043	774,004	7,237,047	1,539,705	880,557	2,420,262	4,810,785			9,510,785	
1887..		4,682,000	19.81	7,454,250	926,352	8,380,602	1,630,952	1,057,085	2,688,037	5,692,565			10,374,305	
1888..		4,235,000	15.23	8,198,708	1,073,241	9,271,949	1,985,003	1,373,188	3,358,191	5,913,758			10,148,758	
1889..		5,580,000	19.27	7,665,870	1,155,450	8,821,320	1,871,987	1,256,115	3,128,102	5,693,218			11,073,218	
1890..		6,115,000	19.34	8,967,216	1,357,112	10,324,328	2,232,690	1,338,295	3,570,985	6,753,343			12,868,343	6,069,000
1891..		4,653,000	15.94	14,166,865	1,439,057	15,605,922	4,583,075	1,576,945	6,102,020	9,443,902			13,096,902	
1892..		5,320,000	20.84	10,320,581	1,220,140	11,540,721	3,757,448	1,338,518	5,095,966	6,444,755			11,778,755	
1893..		4,755,000	18.03	10,340,960	1,230,047	11,571,007	3,270,436	1,212,025	4,482,461	7,088,546			11,844,546	
1894..		4,842,000	19.27	12,135,526	1,401,819	13,537,345	3,257,916	1,314,360	4,572,276	8,965,069			13,807,069	
1895..	180,377	5,148,000	19.62	13,574,806	1,361,512	14,936,318	3,267,171	930,408	4,197,579	10,738,739			15,586,739	
1896..		5,193,000	20.95	13,223,517	399,281	13,622,798	2,850,420	200,548	3,050,968	10,571,830			15,764,830	
1897..		5,289,060	18.24	10,983,020	88,841	11,071,861	2,862,230	233,214	3,095,444	7,976,417			11,265, 17	
1898..		3,867,000	21.01	12,771,620	128,266	12,899,886	3,510,610	482,008	3,992,618	8,907,268			12,774,268	
1899..		2,977,000	18.21	13,699,250	343,200	14,042,450	3,610,230	283,860	2,894,090	11,148,360			14,125,360	6,745,000
1900..	166,957	3,752,000	22.21	11,070,533	330,110	11,400,640	2,404,070	244,814	2,648,882	8,751,761			12,504,150	6,004,000
1901..	165,781	3,849,632	23.20	14,950,814	295,807	15,246,621	3,583,670	255,323	3,848,994	11,397,627			15,246,731	6,800,000
1902..	168,227	3,952,990	23.50	15,529,776	125,763	15,655,539	3,393,060	401,683	3,794,747	11,860,792			15,813,772	6,696,000
1903..	143,530	3,361,067	23.40	16,192,659	84,467	16,277,126	3,198,160	454,847	3,653,002	12,624,124			15,985,258	6,965,000
1904..	159,118	3,760,332	23.60	17,401,732	51,723	17,453,455	3,046,900	963,527	4,010,383	13,443,072			17,203,730	7,075,000
1905..	162,592	3,374,980	20.70	17,632,952	52,730	17,685,682	3,985,000	1,088,461	5,072,669	12,613,013			15,987,973	7,161,000
1906..	150,073	3,528,088	23.50	18,487,024	16,757	18,503,781	4,169,000	297,563	4,466,179	14,057,602			17,585,778	7,239,000
1907..	158,845	4,309,500	27.10	18,389,246	61,900	18,451,146	4,859,020	561,751	5,421,670	13,029,476			17,339,476	7,318,000
1908..	152,803	3,644,901	23.90	18,255,694	40,306	18,296,000	6,580,513	672,700	7,253,213	11,042,787			14,687,595	7,386,000
1909..	157,765	3,974,430	25.20	19,301,908	29,480	19,331,388	6,217,430	741,400	6,958,935	12,372,453			16,347,313	7,452,000
1910..	154,000	3,358,000	22.00	20,476,877	37,300	20,514,177	5,232,470	912,161	7,144,631	13,369,546			16,757,846	7,517,000
1911..	153,000	3,978,000	26.00											
1912 .	166,500	4,162,500	25.00											

Superficie totale actuelle...................... 29,456 kilomètres carrés.
Densité de la population...................... 252 par kilomètre carré.

Superficie..........
- totale.............. 2,945,557 hectares.
- productive.......... 2,607,514 hectares, soit 88.5 p. o/o.
- improductive........ 338,043 hectares, soit 11.5 p. o/o.
- des terres labourables.. 1,149,539 hectares, soit 39:02 p. o/o.
- des céréales........ 809,591 hectares, soit 69.82 p. o/o des terres labourables.

(1) Avant 1885, les statistiques comprennent, sous la même rubrique, farines, sons, fécules et moutures de toute espèce.

BULGARIE.

ANNÉES.	SUPERFICIE CULTIVÉE.	PRODUCTION.	RENDEMENT moyen à l'hectare.	IMPORTATIONS.			EXPORTATIONS.			EXCÉDENT		QUANTITÉ DISPONIBLE représentée par la production plus l'importation moins l'exportation	POPULATION.
				BLÉ, en grains.	FARINE convertie, en grains.	TOTAL, en grains.	BLÉ, en grains.	FARINE convertie, en grains.	TOTAL, en grains.	des IMPORTATIONS.	des EXPORTATIONS.		
1	2	3	4	5	6	7	8	9	10	11	12	13	14
	hectares.	quintaux.	quintaux.	quintaux.	quintaux.	quintaux.	quintaux.	quintaux.	quintaux.	quintaux.	quintaux.	quintaux.	
1880..													
1881..													
1882..						360	739,800							
1883..						110	1.111,750							
1884.						770	707,350							
1885..		7,500,000		4,817	4,800	9,617	1,335,822	10,890	1,346,712		1,337,065	6,162,935	2,008,000
1886..		7,200,000		686	7,137	7,823	1,772,557	41,631	1,814,188		1,806,365	5,393,635	
1887..		6,950,000		776	3,528	3,271	1,235,050	77,200	1,312,350		1,309,076	5,640,924	
1888..		8,225,000		4,989	1,968	6,957	2,618,500	62,628	2,681,128		2,674,171	5,550,829	
1889..		6,800,000		471	1,957	2,428	3,751,880	54,857	3,806,737		3,804,314	2,993,686	
1890..		6,735,000		1,854	2,415	4,269	3,030,430	29,085	3,059,515		3,055,246	3,679,754	3,154,000
1891..		10,156,000		»	1,942	1,942	3,136,330	36,000	3,172,330		3,170,288	7,285,712	
1892..		11,015,000		427	1,661	2,088	3,488,299	69,337	3,547,636		3,545,548	7,469,462	
1893..		9,999,000		129	2,045	2,174	3,495,873	47,400	3,543,273		3,541,099	6,457,901	
1894..		7,072,000		427	2,229	2,656	2,614,179	63,922	2,678,101		2,675,445	4,196,555	
1895..		8,704,000		328	2,058	2,386	3,858,960	102,300	3,961,260		3,958,874	4,745,126	
1896..		10,680,000		98	1,820	1,918	2,226,902	101,460	2,328,362		2,326,444	8,553,556	
1897..		7,875,000		550	5,047	5,597	919,912	50,536	970,448		964,851	6,910,149	
1898..	782,491	9,251,000	11.82	318	1,754	2,072	184,296	102,136	286,432		284,360	8,966,640	
1899..	825,686	5,887,000	7.13	1,020	1,056	2,076	112,867	93,371	206,038		203,962	5,683,038	6,687,000
1900..	820,000	10,875,000	13.26	8,351	873	9,224	1,274,785	128,707	1,303,492		1,294,268	9,580,732	3,744,000
1901..	815,000	8,700,000	10.67	702	730	1,432	1,334,012	185,740	1,519,752		1,518,320	7,181,680	3,801,000
1902..	810,000	10,875,000	13.42	2,438	361	2,799	2,347,207	196,475	2,543,682		2,540,883	8,334,117	3,858,000
1903..	807,489	9,675,405	12.00	1,811	470	2,281	3,329,771	266,377	3,596,148		3,593,867	6,079,538	3,916,000
1904..	915,473	11,496,405	12.60	1,941	308	2,249	5,236,530	295,035	5,531,584		5,529,335	5,967,070	3,976,000
1905..	979,570	9,511,635	9.70	2,066	684	2,750	4,504,967	272,537	4,777,524		4,774,774	4,736,864	4,035,000
1906..	1,009,628	10,643,719	10.50	6,714	556	7,270	2,707,839	335,197	3,043,036		3,035,766	7,607,953	4,097,000
1907..	977,190	6,407,056	6.60	26,105	600	26,705	2,411,557	373,156	2,784,713		2,758,000	3,649,056	4,158,000
1908..	980,442	9,932,513	10.10	13,776	76	13,852	2,127,808	364,603	2,492,411		2,478,559	7,453,954	4,221,000
1909..	1,040,140	8,728,359	8.40	30,939	153	31,092	1,609,386	442,740	2,052,126		2,021,034	6,707,325	4,285,000
1910..	1,088,606	11,497,982	10.60	9,144	100	9,744	2,364,530	738,367	3,102,897		3,093,153	8,404,829	4,329,000
1911..	1,118,409	19,596,528	17.5										
1912..	1,120,500	17,350,000	15.5										

Superficie totale actuelle.................... 96,346 kilomètres carrés.
Densité de la population.............. 45 par kilomètre carré.

Superficie ....
- totale............. 9,634,550 hectares.
- productive......... 7,119,352 hectares, soit 73.9 p. o/o.
- improductive....... 2,515,198 hectares, soit 26.1 p. o/o.
- des terres labourables... 3,639,755 hectares, soit 39.76 p. o/o.
- des céréales......... 2,506,134 hectares, soit 65.44 p. o/o des terres labourables.

DANEMARK.

ANNÉES.	SUPERFICIE CULTIVÉE.	PRODUCTION.	RENDEMENT MOYEN à l'hectare.	IMPORTATIONS.			EXPORTATIONS.			EXCÉDENT		QUANTITÉ DISPONIBLE représentée par la production plus l'importation moins l'exportation.	POPULATION.
				BLÉ, en grains.	FARINE convertie, en grains.	TOTAL, en grains.	BLÉ, en grains.	FARINE convertie, en grains.	TOTAL, en grains.	des IMPORTATIONS.	des EXPORTATIONS.		
1	2	3	4	5	6	7	8	9	10	11	12	13	14
	hectares.	quintaux.	quintaux.	quintaux.	quintaux.	quintaux.	quintaux.	quintaux.	quintaux.	quintaux.	quintaux.	quintaux.	
1880..	57,031	1,388,600	24.3	294,020	5,766	299,786	348,509	767,412	1,115,921		816,135	572,405	
1881..	55,828	785,300	13.5	560,729	9,577	570,306	198,329	592,994	791,323		221,017	531,283	
1882..	54,778	1,217,100	22.2	624,493	19,308	643,801	199,612	587,778	777,390		133,589	1,063,511	1,969,000
1883..	53,728	1,227,100	22.8	730,786	9,576	740,362	148,749	600,534	749,283		8,921	1,218,179	
1884..	52,077	1,278,600	24.3	671,967	5,222	677,189	170,598	561,336	731,934		54,745	1,223,855	
1885..	51,027	1,395,100	27.0	587,067	34,690	621,757	251,172	576,718	827,890		206,133	1,188,967	
1886..	50,577	1,285,700	25.4	450,027	39,962	495,980	299,052	529,110	828,162		332,173	953,527	
1887..	49,527	1,457,400	29.4	522,432	39,390	561,822	176,822	467,742	644,564		64,742	1,302,658	
1888..	48,478	895,200	18.4	511,527	35,051	546,578	177,669	401,321	578,990		32,412	862,766	
1889..	46,711	1,142,200	24.3	671,211	39,048	710,259	177,968	298,351	476,319	233,940		1,376,140	
1890..	44,937	1,027,700	22.1	410,489	42,727	453,216	304,460	253,541	558,001		104,785	922,015	2,172,000
1891..	43,182	1,136,100	26.3	738,694	87,087	820,781	250,979	246,912	497,891	322,890		1,458,900	
1892..	41,418	1,150,600	27.8	428,192	109,252	537,444	393,820	211,588	605,408		67,964	1,082,636	
1893..	39,654	1,050,400	26.4	666,108	128,568	794,670	265,624	149,167	414,791	379,885		1,430,285	
1894..	27,890	888,300	31.0	876,919	147,568	1,024,487	215,543	103,839	319,382	705,105		1,593,405	
1895..	36,125	944,000	26.1	709,631	208,860	918,491	90,680	61,261	157,941	760,550		1,704,550	
1896..	34,361	1,044,400	29.2	627,783	204,075	831,858	145,210	70,702	215,912	615,946		1,660,346	
1897..	35,600	951,457	26.7	596,095	201,744	797,839	184,264	94,716	278,980	518,859		1,470,316	
1898..	36,915	847,534	22.9	612,400	200,100	812,500	121,600	55,725	177,325	635,175		1,482,709	
1899..	38,219	1,071,097	28.0	692,400	327,050	1,019,450	65,600	36,600	102,200	917,250		1,988,347	2,403,000
1900..	39,043	1,092,488	28.0	592,650	202,143	794,793	142,800	32,714	175,514	619,279		1,727,500	2,432,000
1901..	13,048	266,585	20.4	877,050	397,572	1,274,622	37,800	31,214	69,014	1,205,608		1,472,193	2,449,000
1902..	40,927	1,233,830	30.1	880,000	433,714	1,313,714	27,800	26,428	54,228	1,259,486		2,493,116	2,491,000
1903..	40,896	1,214,472	29.7	124,500	502,572	627,072	104,900	39,571	144,471	482,601		1,697,073	2,519,000
1904..	40,871	1,165,864	28.5	1,021,250	426,643	1,447,893	57,250	33,500	90,750	1,357,143		2,523,007	2,546,000
1905..	40,842	1,107,496	27.1	2,268,900	835,572	3,104,472	66,310	29,100	95,470	3,009,002		4,115,498	2,574,000
1906..	40,815	1,138,127	27.8	1,535,100	976,143	2,511,243	56,100	22,680	78,780	2,432,463		3,565,590	2,588,000
1907..	40,512	1,182,552	29.2	978,050	560,714	1,538,764	91,970	25,554	117,524	1,420,940		2,603,492	2,635,000
1908..	40,512	1,175,702	29.0	951,690	655,186	1,606,876	116,690	29,386	145,986	1,392,778		2,568,480	2,668,000
1909..	40,512	1,022,090	25.7	766,535	697,561	1,466,096	58,065	15,744	73,809	1,392,287		2,434,977	2,702,000
1910..	40,512	1,235,187	30.6	768,535	698,255	1,466,793	218,070	16,960	235,630	1,231,163		2,460,350	2,737,000
1911..	40,512	1,216,157	30.0	832,789	761,752	1,594,541	131,517	16,605	148,122	1,446,419		2,062,576	
1912..	40,512	1,057,363	26.1										

Superficie totale actuelle.................... 38,985 kilomètres carrés.
Densité de la population.................... 71 par kilomètres carrés.

Superficie :
totale.............. 3,896,870 hectares.
productive.......... 3,739,166 hectares, soit 96 p. o/o.
improductive........ 757,704 hectares, soit 4 p. o/o.
des terres labourables.... 2,580,172 hectares, soit 66.21 p. o/o.
des céréales......... 1,128,781 hectares, soit 43.74 p. o/o des terres labourables.

ESPAGNE.

ANNÉES.	SUPERFICIE CULTIVÉE.	PRODUCTION.	RENDEMENT MOYEN à l'hectare.	IMPORTATIONS.			EXPORTATIONS.			EXCÉDENT		QUANTITÉ DISPONIBLE représentée par la production plus l'importation moins l'exportation.	POPULATION.
				BLÉ, en grains.	FARINE convertie, en grains.	TOTAL, en grains.	BLÉ, en grains.	FARINE convertie, en grains.	TOTAL, en grains.	des IMPORTATIONS.	des EXPORTATIONS.		
1	2	3	4	5	6	7	8	9	10	11	12	13	14
	hectares.	quintaux.	quintaux	quintaux.	quintaux.	quintaux.	quintaux.	quintaux.	quintaux.	quintaux.	quintaux.	quintaux.	
1880..	—	20,000,000		299,110	47,405	346,515	9,976	532,800	542,776		196,261	19,803,739	
1881..	—	20,000,000		199,770	20,144	219,914	16,021	540,280	556,300		336,386	19,663,614	
1882..	—	20,000,000		2,757,240	249,990	3,007,236	30,573	400,400	436,973	2,570,263		22,570,263	
1883..	—	20,000,000		2,384,680	307,129	2,691,809	18,038	339,330	357,356	2,334,421		22,334,421	16,634,000
1884..	—	20,000,000		986,620	75,222	1,061,842	4,810	367,920	372,730	689,112		20,689,112	
1885..	—	20,000,000		1,120,587	111,771	1,232,658	2,238	306,748	308,986	923,672		20,623,672	
1886..	—	20,200,000		1,498,518	162,087	1,660,605	5,994	441,372	447,366	1,213,239		21,413,239	
1887..	—	19,700,000		3,140,906	344,777	3,485,683	7,526	217,570	225,096	3,260,587		22,960,587	
1888..	—	18,705,000		2,432,740	508,878	2,941,618	2,033	255,557	257,590	2,684,028		21,389,028	
1889..	—	29,565,320		1,453,123	437,911	1,891,034	1,624	334,231	335,855	1,555,179		31,120,499	
1890..	—	21,414,120		1,613,878	364,081	1,977,959	6,992	453,477	460,469	1,517,490		22,931,610	17,566,000
1891..	—	20,228,520		1,551,024	60,045	1,611,069	5,073	525,180	530,853	1,080,216		21,308,736	
1892..	—	23,329,800		1,388,026	72,214	1,460,240	209	25,498	25,707	1,434,533		24,764,333	
1893..	—	27,009,060		4,186,667	102,428	4,289,095	296	13,024	13,320	4,275,775		31,284,835	
1894..	—	29,841,970		4,258,534	107,422	4,365,956	3,137	188,354	191,491	4,174,460		34,016,430	
1895..	—	22,332,070		2,026,754	27,178	2,053,932	1,140	528,042	529,782	1,524,150		23,856,820	
1896..	—	19,761,250		1,577,596	4,664	1,582,260	810	826,130	596,562	1,285,698		21,046,948	
1897..	3,557,731	25,285,000	6.6	1,417,290	2,200	1,419,490	696	709,155	709,851	709,639		25,997,639	
1898..	3,861,977	34,017,000	8.8	594,760	40,063	634,825	26,052	228,231	254,883	379,940		34,426,940	
1899..	3,663,428	26,592,000	7.3	3,735,690	316,890	4,052,080	678	23,010	23,688	4,028,392		30,620,392	18,484,000
1900..	3,866,070	27,406,791	7.1	2,226,251	90,878	2,317,129	598	34,300	34,898	2,282,231		29,689,022	18,605,000
1901..	3,711,937	37,259,450	10.0	1,435,120	43,093	1,478,213	176	91,170	91,346	1,386,867		38,646,823	18,657,000
1902..	3,692,924	36,339,015	9.8	695,791	18,007	713,798	86	5,113	5,199	708,599		35,630,416	18,755,000
1903..	3,635,506	35,102,434	9.7	907,973	7,623	915,596	109	4,010	4,219	911,377		36,013,811	18,853,000
1904..	3,651,507	25,957,847	7.1	2,229,587	17,393	2,246,980	1,576	10,557	12,133	2,234,847		28,182,194	18,951,000
1905..	3,593,507	25,175,503	7.0	8,849,860	669,496	9,519,856	2	14,785	14,787	9,504,569		34,680,072	19,049,000
1906..	3,762,898	38,280,377	10.2	5,256,135	205,451	5,461,586	141	7,250	7,391	5,454,295		43,734,572	19,147,000
1907..	3,697,925	27,305,730	7.4	1,167,730	883	1,168,613	86	8,221	8,309	1,160,304		28,466,043	19,245,000
1908..	3,750,721	32,050,384	8.7	789,860	220	790,080	52	5,271	5,323	784,757		33,135,141	19,343,000
1909..	3,782,695	39,218,885	10.4	960,683	800	961,483	2,595	11,116	13,711	947,772		40,166,057	19,442,000
1910..	3,809,464	37,407,817	9.8	1,614,765	1,100	1,615,865	413	10,863	11,276	1,604,589		39,012,106	19,688,000
1911..	3,927,592	40,414,186	10.5										
1912..	3,551,472	30,594,820	7.9										

Superficie totale actuelle.................. 497,945 kilomètres carrés.

Densité de la population.................. 38 par kilomètre carré.

Superficie..........
- totale.............. 50,461,688 hectares.
- productive.......... 45,595,000 hectares, soit 90.4 p. o/o.
- improductive........ 4,864,688 hectares, soit 9.6 p. o/o.
- des terres labourables.. 16,000,000 hectares, soit 33.4 p. o/o.
- des céréales......... 15,000,000 hectares, soit 94.9 p. o/o des terres labourables.

ANNÉES	SUPERFICIE CULTIVÉE	PRODUCTION	RENDEMENT moyen à l'hectare	IMPORTATIONS			EXPORTATIONS			EXCÉDENT		QUANTITÉ DISPONIBLE représentée par la production plus l'importation moins l'exportation	POPULATION
				BLÉ, en grains	FARINE convertie en grains	TOTAL, en grains	BLÉ, en grains	FARINE convertie en grains	TOTAL, en grains	des IMPORTATIONS	des EXPORTATIONS		
1	2	3	4	5	6	7	8	9	10	11	12	13	14
	hectares.	quintaux.	quintaux	quintaux.	quintaux.	quintaux.	quintaux.	quintaux.	quintaux.	quintaux.	quintaux.	quintaux.	quintaux.
1840..				3,585,000	1,171,000	4,756,000							
1841..				5,211,000	961,000	6,292,000							
1842..				5,760,000	864,000	6,624,000							
1843..				2,044,000	333,000	2,377,000							
1844..				2,391,000	747,000	3,138,000							
1845..				1,960,000	720,000	2,680,000							
1846..				3,116,000	2,430,000	5,546,000							
1847..				5,775,000	4,822,000	10,600,000	273,950	150,910	424,860	10,175,140			
1848..				5,613,000	1,348,000	6,961,000	12,510	12,820	25,350	6,935,650			
1849..				8,289,000	2,553,000	10,842,000	805	14,120	14,925	10,827,075			
1850..				8,132,000	2,710,000	10,842,000	9,930	18,450	28,410	10,813,590			
1851..				8,291,000	3,150,000	11,441,000	80,900	34,120	141,020	11,299,980			
1852..	1,642,103	25,648,542	15.61	6,650,000	2,595,000	9,051,000	33,790	49,280	83,070	9,567,930		35,216,472	
1853..	1,624,049	23,183,046	14.27	10,691,000	3,450,000	14,141,000	198,890	87,560	286,050	13,854,350		37,037,996	
1854..	1,033,358	36,815,154	23.76	7,403,000	2,778,000	10,211,000	184,900	94,350	299,250	10,511,750		40,420,904	
1855..	1,649,330	30,884,895	18.72	5,791,000	1,450,000	7,241,000	70,920	86,390	157,310	7,086,690		37,971,883	
1856..	1,704,843	31,191,931	18.37	9,305,000	3,054,000	12,332,000	196,390	69,900	266,290	12,065,710		43,560,654	
1857..	1,603,615	35,256,568	22.50	7,477,000	1,659,000	9,136,000	145,780	59,980	205,760	8,930,240		47,187,008	
1858..	1,671,735	35,936,935	21.49	9,190,000	2,732,000	11,922,000	24,310	6,510	30,850	11,891,150		47,828,085	
1859..	1,620,381	28,952,873	17.80	8,664,000	2,892,000	11,556,000	90,510	14,900	105,410	11,450,560		40,403,133	
1860..	1,615,422	24,417,591	15.18	12,702,000	2,496,000	15,238,000	16,310	11,582	27,902	15,210,098		39,027,102	28,974,000
1861..	1,577,902	27,150,515	17.21	14,983,000	3,814,000	18,797,000	766,400	75,790	841,790	17,952,510		45,103,128	
1862..	1,597,199	30,920,027	19.98	20,517,000	1,614,000	23,131,000	24,490	10,280	30,760	25,091,240		55,014,607	
1863..	1,496,165	30,583,191	26.45	19,182,000	5,405,000	17,587,000	84,980	10,460	95,440	16,991,560		50,574,781	
1864..	1,491,150	35,936,598	24.10	11,598,000	3,384,000	11,982,000	28,110	12,050	40,220	14,941,780		50,876,378	
1865..	1,455,451	30,850,185	20.91	10,500,000	2,928,000	13,428,000	26,660	11,400	38,060	13,389,940		44,240,125	
1866..	1,456,622	25,291,002	17.13	11,578,000	3,729,000	15,307,000	117,350	9,232	125,582	15,181,418		40,176,320	
1867..	1,468,610	21,082,969	14.35	17,323,000	2,605,000	20,017,000	172,400	11,168	183,868	19,833,132		50,916,101	
1868..	1,503,685	37,053,980	25.25	16,318,000	2,319,000	18,637,000	89,740	18,300	108,040	18,528,960		55,589,950	
1869..	1,606,019	29,719,710	18.50	18,850,000	4,051,000	22,901,000	30,760	10,950	41,710	22,859,290		52,579,000	
1870..	1,521,886	31,182,103	20.48	15,500,000	3,602,000	19,102,000	469,500	139,780	609,280	18,492,720		49,671,823	31,629,000
1871..	1,545,106	25,330,346	16.37	19,091,000	2,983,000	22,675,000	1,167,300	477,500	1,644,800	21,032,200		46,332,316	
1872..	1,518,163	24,355,320	16.37	21,064,000	3,291,000	21,355,000	271,100	27,510	298,610	21,084,380		49,411,569	
1873..	1,480,357	22,718,408	15.37	21,032,000	4,050,000	26,592,000	573,100	33,580	606,680	25,985,320		47,943,098	
1874..	1,515,172	30,902,091	20.01	2,763,000	4,676,000	25,139,000	176,120	69,190	244,310	25,193,690		56,096,781	
1875..	1,417,633	22,111,165	15.62	25,938,000	4,380,000	30,518,000	49,300	19,990	69,290	30,418,710		52,580,873	
1876..	1,260,553	21,480,532	17.04	22,227,000	4,470,000	26,697,000	231,290	19,630	294,050	26,423,950		47,923,522	
1877..	1,330,978	24,361,108	15.80	27,135,000	5,832,000	32,967,000	105,660	21,670	126,720	32,540,280		56,814,688	
1878..	1,301,585	27,038,833	20.50	21,963,000	5,951,000	30,821,000	306,300	28,530	354,730	30,480,070		58,397,303	
1879..	1,283,190	13,646,970	10.58	29,796,000	8,016,000	57,812,000	353,900	48,500	402,400	37,430,600		50,386,570	
1880..	1,237,297	20,673,754	16.71	27,677,000	6,701,900	31,381,900	343,290	77,700	420,990	33,060,910		51,631,001	35,026,000
1881..	1,197,138	19,610,807	16.38	28,620,000	7,211,500	35,831,500	238,090	72,390	310,550	35,520,520		55,131,627	
1882..	1,277,105	22,310,417	17.47	32,173,000	5,396,500	40,509,000	105,030	70,060	175,090	40,393,420		92,709,437	
1883..	1,003,612	20,076,585	19.15	32,160,000	10,635,000	42,795,000	19,010	63,920	83,690	42,710,400		93,689,085	
1884..	1,110,585	23,267,100	20.99	23,603,000	9,959,000	33,652,000	23,310	85,030	108,320	33,513,580		56,810,080	
1885..	1,031,500	22,581,000	21.91	30,400,000	10,051,200	40,451,200	27,300	83,600	110,900	40,523,300		63,104,300	
1886..	953,018	17,903,400	18.95	23,604,000	9,950,000	33,911,000	59,900	90,500	150,860	33,103,200		51,450,000	
1887..	961,914	21,613,800	22.42	27,681,000	18,100,000	46,061,000	32,000	151,100	151,100	45,929,050		67,313,100	
1888..	1,077,596	21,122,100	19.59	8,619,000	11,767,800	49,386,800	32,990	142,300	174,700	50,212,100		61,533,800	
1889..	1,097,437	21,312,100	20.01	29,336,500	10,653,000	39,769,500	60,900	164,000	225,500	39,735,000		61,217,100	
1890..	1,003,022	21,513,000	21.47	29,992,000	11,657,500	41,670,000	72,150	168,500	240,650	40,838,600		62,382,300	37,680,000
1891..	966,255	21,192,600	21.93	33,211,000	11,768,300	51,979,300	79,900	161,000	233,900	44,735,100		63,928,900	
1892..	928,603	17,230,200	18.56	32,160,000	15,599,000	47,702,000	45,290	167,900	212,860	47,550,100		67,709,337	
1893..	789,910	14,137,500	18.29	32,786,300	13,390,000	47,145,000	22,100	142,590	201,100	46,950,100		61,117,902	
1894..	800,034	17,211,000	21.51	35,057,000	13,292,800	48,517,300	7,500	206,100	213,900	48,183,000		65,348,200	
1895..	588,242	10,857,600	17.34	40,033,300	12,030,004	53,595,200	8,900	220,000	229,300	53,603,300		64,660,400	
1896..	700,621	16,512,000	23.66	35,036,300	15,100,200	50,156,700	11,200	227,900	239,100	49,917,300		66,129,900	
1897..	783,181	15,958,800	20.23	31,495,600	13,480,000	44,605,600	55,100	304,540	355,900	44,219,700		60,208,300	40,771,000
1898..	871,991	21,230,000	21.29	32,783,600	11,329,250	47,613,830	112,000	345,100	451,500	47,193,450		65,125,830	
1899..	830,337	19,068,400	22.96	33,213,300	10,239,300	49,951,000	32,000	431,100	461,900	48,989,400		65,057,100	
1900..	769,250	11,781,057	19.21	30,738,312	15,310,730	50,115,242	19,921	322,690	342,511	49,572,531		65,536,738	41,155,000
1901..	705,700	13,616,728	20.80	35,288,031	16,151,880	51,412,644	26,258	611,381	637,600	50,775,065		65,451,733	41,458,000
1902..	716,562	15,889,708	22.13	41,066,917	13,022,330	54,088,511	14,335	523,113	537,698	51,559,516		70,411,611	41,891,000
1903..	653,231	13,296,301	20.28	41,687,588	13,028,024	59,015,612	13,738	148,566	162,321	59,153,689		69,991,215	42,213,000
1904..	569,013	16,320,078	18.11	40,525,662	10,648,081	60,173,716	22,729	176,830	199,579	59,974,167		72,500,620	42,600,000
1905..	742,191	16,419,404	22.11	49,552,338	9,673,711	59,259,009	23,591	766,713	790,304	57,477,795		73,897,689	42,971,000
1906..	728,253	16,197,642	22.06	47,028,616	10,191,552	57,320,168	25,623	761,450	787,073	56,533,095		72,930,737	43,333,000
1907..	673,250	15,382,275	22.85	49,107,802	9,608,217	58,716,019	131,821	879,304	1,011,128	57,704,874		73,090,116	43,728,000
1908..	673,182	15,117,306	22.46	45,891,159	9,441,751	55,333,931	157,709	1,275,174	1,432,883	53,823,058		68,910,561	41,113,000
1909..	755,644	17,385,982	23.15	49,389,888	7,978,323	57,368,131	119,350	990,817	1,110,367	56,157,764		73,913,316	40,507,000
1910..	751,133	15,539,127	21.08	53,330,526	7,130,931	60,461,457	325,770	917,508	1,243,278	59,218,179		75,057,306	41,902,000
1911..	763,869	26,056,950	22.2										
1912..	772,206	35,231,790	22.3										

Superficie totale actuelle.................... 314,436 kilomètres carrés.
Densité de la population.................... 141 par kilomètre carré.

Superficie ....
- total .... 31,322,920 hectares.
- productive .... 26,917,308 hectares, soit 86.2 p. o/o.
- improductive .... 4,395,612 hectares, soit 13.8 p. o/o.
- des terres labourables.... 7,414,346 hectares, soit 23.59 p. o/o.
- des céréales .... 3,100,921 hectares, soit 11.4 p. o/o des terres labourables.

GRÈCE.

ANNÉES.	SUPERFICIE CULTIVÉE.	PRODUCTION.	RENDEMENT moyen à l'hectare.	IMPORTATIONS.			EXPORTATIONS.			EXCÉDENT		QUANTITÉ DISPONIBLE représentée par la production plus l'importation moins l'exportation.	POPULATION.
				BLÉ, en grains.	FARINE convertie, en grains.	TOTAL, en grains.	BLÉ, en grains.	FARINE convertie, en grains.	TOTAL, en grains.	des IMPORTATIONS.	des EXPORTATIONS.		
1	2	3	4	5	6	7	8	9	10	11	12	13	14
	hectares.	quintaux.	quint².	quintaux.	quintaux.	quintaux.	quintaux.	quintaux.	quintaux.	quintaux.	quintaux.	quintaux.	
1880..													
1881..													
1882..													
1883..													
1884..													
1885..													
1886..													
1887..													
1888..		1,360,000											
1889..	1,458,000			(1) 2,701,092	28,602	2,729,694	361	" (2)	361	2,729,333		4,187,333	
1890..	1,573,000			2,192,629	24,754	2,217,383	7,689	"	7,689	2,209,694		3,683,694	
1891.	1,497,000			2,565,732	38,624	2,604,356	279,820	"	279,820	2,324,536		3,821,536	
1892..	1,066,000			7,765,406	16,658	7,781,064	155,014	"	155,014	7,619,050		3,715,050	
1893..	1,904,000			1,050,117	15,354	1,065,471	5,539	"	5,539	1,059,932		2,963,932	2,187,000
1894	1,262,000			1,355,483	14,520	1,390,003	2,075	"	2,075	1,387,928		2,649,928	
1895..	1,058,000			1,367,427	7,626	1,375,053	1,906	"	1,906	1,373,147		2,461,147	
1896..	1,306,000			1,333,610	11,909	1,345,519	770	"	770	1,344,749		2,650,749	
1897..	637,000			1,384,280	17,877	1,402,157	170	"	170	1,401,987		2,038,987	
1898..	900,000			1,483,530	13,336	1,496,866	6,500	"	6,500	1,490,366		2,390,366	
1899..	1,631,000			1,669,880	14,389	1,684,269	230	"	230	1,684,039		3,315,039	
1900..	1,631,000			1,683,340	19,441	1,702,781	10,650	"	10,650	1,692,131		3,323,131	2,487,000
1901..	1,413,000			1,738,760	29,344	1,768,104	1,640	"	1,640	1,766,464		3,179,462	2,504,000
1902..	1,631,000			1,707,870	34,146	1,742,016	1,160	"	1,160	1,740,856		3,371,856	2,522,000
1903..	1,500,000			1,662,750	27,659	1,690,409	1,800	"	1,800	1,688,609		3,188,609	2,540,000
1904.	1,500,000			1,396,860	21,078	1,417,938	2,980	"	2,980	1,414,938		2,914,938	2,558,000
1905..	1,500,000			1,560,360	36,786	1,597,146	120	"	120	1,597,026		3,097,026	2,576,000
1906.	1,500,000			2,021,980	141,828	2,163,808	130	"	130	2,163,678		3,663,678	2,595,000
1907..	1,500,000			2,413,300	77,433	2,490,733	630	"	630	2,490,103		3,990,103	2,613,000
1908..	1,500,000			1,806,720	31,716	1,838,436	1,202	"	1,202	1,837,234		4,337,234	2,632,000
1909..	1,500,000			1,766,274	16,156	1,782,426	1,101	"	1,101	1,781,325		3,281,325	2,651,000
1910..	1,500,000			2,084,563	11,921	2,096,484	404	"	404	2,096,080		3,596,080	2,666,000
1911..													
1912..													

(1) Avant 1889, la statistique du royaume de Grèce réunit sous une même rubrique les céréales d'une part et les farines d'autre part.

(2) À l'exportation, la statistique réunit les différentes farines sous le même article.

Superficie totale actuelle.................. 64,679 kilomètres carrés.

Densité de la population................... 41 par kilomètre carré.

ANNÉES.	SUPER-FICIE CULTIVÉE.	PRODUCTION.	RENDEMENT MOYEN à l'hectare.	IMPORTATIONS. BLÉ, en grains.	FARINE convertie, en grains.	TOTAL, en grains.	EXPORTATIONS. BLÉ, en grains.	FARINE convertie, en grains.	TOTAL, en grains.	EXCÉDENT des IMPORTATIONS.	des EXPORTATIONS.	QUANTITÉ DISPONIBLE représentée par la production plus l'importation moins l'exportation.	POPULATION.
1	2	3	4	5	6	7	8	9	10	11	12	13	14
	hectares.	quintaux.	quint°.	quintaux.	quintaux.	quintaux.	quintaux.	quintaux.	quintaux.	quintaux.	quintaux.	quintaux.	
1880..	4,434,620	30,024,000	6.90	2,299,580	57,011 (1)	2,356,591	808,570	75,232 (1)	886,802	1,469,789		32,093,789	
1881..	4,434,620	27,408,270	6.18	1,473,580	57,917	1,531,497	947,900	98,404	1,046,304	485,133		27,893,403	
1882..	4,434,620	40,587,157	9.22	1,646,000	76,313	1,722,313	962,120	80,146	1,042,266	680,047		41,567,204	28,460,000
1883..	4,434,620	31,525,000	7.11	2,324,000	69,860	2,393,860	802,170	77,016	879,786	1,514,074		33,039,074	
1884..		33,895,000		3,551,000	118,396	3,669,396	379,530	76,711	447,241	3,222,155		37,117,155	
1885..		32,170,000		7,235,860	604,158	7,840,018	130,150	88,167	216,317	7,263,701		39,433,701	
1886..		32,930,000		9,362,330	515,885	9,878,215	77,020	76,098	153,118	9,525,097		42,455,097	
1887..		34,698,000		10,158,600	143,718	10,302,318	47,550	68,162	115,712	10,186,606		44,884,606	
1888..		30,264,000		6,697,800	40,927	6,738,817	26,350	46,227	72,577	6,666,240		36,930,240	
1889..		29,945,000		8,728,430	13,902	8,742,332	5,700	4,784	10,484	8,731,848		38,676,848	
1890..	4,407,000	36,130,000	10.51	6,449,860	13,460	6,463,320	4,180	4,478	8,658	6,454,662		42,584,662	30,913,000
1891..	4,502,000	38,885,000	11.07	4,643,670	10,997	4,654,667	6,960	5,274	12,234	4,642,433		43,527,433	
1892..	4,530,000	31,798,000	9.00	6,071,430	10,732	6,082,162	5,000	2,631	7,631	6,074,531		37,872,531	
1893..	4,555,000	37,170,000	10.46	8,014,180	12,064	8,026,244	6,774	4,382	11,156	8,015,088		45,785,088	
1894..	4,574,000	33,423,000	9.37	4,868,460	15,102	4,883,562	3,740	5,412	9,152	4,874,410		38,297,410	
1895..	4,593,000	32,869,000	9.03	6,578,110	18,887	6,596,997	2,880	137,290	140,170	6,456,827		38,825,827	
1896..	4,581,000	39,920,000	11.17	6,980,220	9,510	6,989,730	3,370	115,834	119,204	6,870,526		46,790,526	
1897..		23,591,000		4,141,080	10,414	4,151,494	4,680	118,217	122,897	4,028,597		27,019,597	32,136,000
1898..		37,752,000		8,782,350	35,398	8,817,748	5,350	123,587	128,937	8,688,811		46,440,811	
1899..		37,998,000		5,173,260	12,980	5,186,240	2,510	165,620	168,130	5,018,110		42,926,100	
1900..		36,701,400		7,320,530	12,086	7,332,616	3,240	146,876	150,116	7,182,500		43,943,900	32,346,000
1901..	4,820,000	45,240,000	9.40	10,402,910	18,590	10,481,500	2,920	122,157	125,077	10,356,423		55,596,423	32,475,000
1902..	4,750,000	37,440,000	7.90	11,777,270	15,846	11,793,116	1,790	186,170	187,960	11,605,156		49,045,156	32,745,000
1903..	4,830,000	50,700,000	10.05	11,734,220	16,618	11,750,838	5,350	192,267	197,617	11,553,221		62,253,221	32,921,000
1904..	5,396,907	46,077,902	8.50	8,060,660	14,810	8,075,520	3,640	346,976	350,616	7,724,904		53,802,806	33,140,000
1905..	5,315,304	44,117,754	8.30	1,032,904	15,893	1,008,797	4,440	6,143	10,583	1,058,214		45,175,968	33,362,000
1906..	5,135,054	46,503,027	9.40	13,786,770	19,105	13,755,896		452,057	456,097	13,299,779		61,804,406	33,541,000
1907..	5,229,860	48,801,381	9.30	9,329,980	23,630	9,353,610	19,730	648,461	668,141	8,685,469		57,486,850	33,776,000
1908..	5,107,600	41,845,200	8.20	7,899,800	22,588	7,922,688	6,730	634,085	606,541	7,316,147		49,161,353	34,129,000
1909..	4,709,000	51,513,000	11.00	13,323,730	15,068	13,238,798	4,320	599,711	604,131	12,634,667		64,447,667	34,417,000
1910..	4,758,000	41,750,000	8.80	14,416,480	17,500	14,435,040	676	830,383	840,050	13,594,981		55,344,981	34,756,000
1911..	4,751,600	52,362,000	11.02										
1912..	4,765,400	45,102,000	9.48										

Superficie totale actuelle.................. 286,682 kilomètres carrés.
Densité de la population.................. 121 par kilomètre carré.

Superficie ....
- totale .... 28,668,922 hectares.
- productive .... 26,371,607 hectares, soit 92 p. o/o.
- improductive .... 2,296,618 hectares, soit 8 p. o/o.
- des terres labourables .. 13,684,935 hectares, soit 47.4 p. o/o.
- des céréales .... 7,295,550 hectares, soit 53 p. o/o des terres labourables.

(1) La statistique du royaume d'Italie donne les importations et les exportations de toutes les farines de céréales mélangées de 1880 à 1884.

NORVÈGE.

ANNÉES.	SUPERFICIE CULTIVÉE.	PRODUCTION.	RENDEMENT moyen à l'hectare.	IMPORTATIONS. BLÉ, en grains.	FARINE convertie, en grains.	TOTAL, en grains.	EXPORTATIONS. BLÉ, en grains.	FARINE convertie, en grains.	TOTAL, en grains.	EXCÉDENT des IMPORTATIONS.	des EXPORTATIONS.	QUANTITÉ DISPONIBLE représentée par la production plus l'importation moins l'exportation.	POPULATION.
1	2	3	4	5	6	7	8	9	10	11	12	13	14
	hectares.	quintaux.	quint^s.	quintaux.	quintaux.	quintaux.	quintaux.	quintaux.	quintaux.	quintaux.	quintaux.	quintaux.	
1880..	4,000	41,200	10.30	71,960	147,230	219,190	»	64	64	219,126		260,326	
1881..	4,000	37,440	9.36	75,390	»	75,390	»	»	»	75,390		112,830	
1882..	4,000	53,200	13.30	88,970	146,527	235,497	»	4,893	4,893	230,504		283,804	
1883..	4,000	45,600	11.40	62,770	181,337	244,107	10	94	104	244,003		289,603	
1884..	4,000	54,920	15.23	85,540	220,650	306,190	»	56	56	306,134		361,051	
1885..	4,000	60,000	14.00	75,240	222,661	297,901	»	2,321	2,321	295,580		353,580	
1886..	4,000	57,240	14.31	59,280	258,685	317,965	4	9,160	9,164	308,801		366,041	
1887..	4,000	66,000	16.50	60,040	252,232	312,272	»	4,194	4,194	308,078		374,078	
1888..	4,000	60,480	15.12	62,320	272,725	335,045	4	4,504	4,508	330,537		391,017	
1889..	4,000	57,480	14.37	51,680	280,058	331,738	1	1,547	1,548	330,190		387,670	
1890..	4,386	75,880	15.90	69,920	312,585	382,505	6	1,411	1,417	381,088		456,968	2,001,000
1891..	1,386	71,900	16.39	120,080	796,534	916,614	10	118	128	916,486		988,386	
1892..	4,386	71,900	16.39	82,240	968,918	1,051,158	11	134	145	1,051,013		1,122,913	
1893..	4,386	64,470	14.70	22,050	1,095,730	1,117,770	»	»	»	1,117,770		1,182,240	
1894..	4,386	72,190	16.46	44,080	943,160	987,240	71	»	71	987,169		1,059,359	
1895..	4,386	60,460	13.99	95,635	867,865	973,500	15	»	15	963,485		1,023,915	
1896..	4,386	76,300	17.40	87,957	922,014	1,009,971	85	»	85	1,000,886		1,086,186	
1897..	4,386	75,300	17.17	96,990	441,727	538,717	60	7	67	538,650		613,950	
1898..	4,386	72,470	16.50	104,970	491,251	596,221	»	»	»	596,221		668,691	
1899..	4,386	60,180	13.97	89,520	588,597	678,117	30	63	93	678,024		748,204	2,218,000
1900..	5,074	88,450	17.47	77,160	660,438	737,598	»	111	111	737,487		825,946	2,240,000
1901..	5,074	86,651	17.08	73,020	645,257	718,277	20	191	211	718,066		801,717	2,265,000
1902..	5,074	71,947	14.18	108,920	605,770	714,690	»	369	369	714,121		786,068	2,281,000
1903..	5,074	83,383	16.43	170,650	561,060	731,710	»	671	671	731,039		811,422	2,288,000
1904..	5,074	57,612	11.35	236,480	514,520	751,000	25	784	809	750,191		807,803	2,300,000
1905..	5,074	89,277	17.59	199,020	547,431	746,451	30	600	630	745,821		833,095	2,311,000
1906..	5,074	82,270	16.21	208,440	598,790	807,230	40	490	530	806,700		888,970	2,321,000
1907..	5,021	78,750	15.52	150,020	714,200	864,220	10	130	140	864,080		912,536	2,331,000
1908..	5,021	89,551	17.83	225,546	799,708	1,025,254	»	337	337	1,024,917		1,111,168	2,353,000
1909..	5,021	85,009	16.93	218,862	695,053	913,915	»	213	213	913,702		995,711	2,370,000
1910..	5,021	79,707	15.16	215,366	691,461	906,827	»	284	284	906,543		986,250	2,392,000
1911..	5,021	95,471	19.02	208,897	818,150	1,027,047	»	735	735	1,026,312		1,121,783	
1912..	5,021	79,102	15.80										

Superficie totale actuelle.................... 321,477 kilomètres carrés.

Densité de la population.................... 7 par kilomètre carré.

Superficie {
totale.... 32,298,657 hectares.
productive.......... 9,281,663 hectares, soit 28.7 p. o/o.
improductive........ 23,016,994 hectares, soit 71.3 p. o/o.
des terres labourables.. 740,686 hectares, soit 2.29 p. o/o.
des céréales........ 168,427 hectares, soit 22.7 p. o/o des terres labourables.
}

ANNÉES	SUPER-FICIE CULTIVÉE	PRODUC-TION.	RENDEMENT moyen à l'hectare.	IMPORTATIONS.			EXPORTATIONS.			EXCÉDENT		QUANTITÉ DISPONIBLE représentée par la production plus l'importation moins l'exportation.	POPU-LATION.
				BLÉ, en grains.	FARINE convertie, en grains.	TOTAL en grains.	BLÉ, en grains.	FARINE convertie, en grains.	TOTAL, en grains.	des IMPORTA-TIONS.	des EXPORTA-TIONS.		
1	2	3	4	5	6	7	8	9	10	11	12	13	14
	hectares.	quintaux.	quint⁰.	quintaux.	quintaux.	quintaux.	quintaux.	quintaux.	quintaux.	quintaux.	quintaux.	quintaux.	
1880.	92,543	1,556,940	16.80	4,441,860	457,095	4,938,955	1,815,760	102,189	1,945,949	2,293,006		4,549,946	
1881..	88,706	1,240,547	13.90	4,044,270	447,524	4,491,791	2,151,720	150,222	2,301,942	2,189,852		3,430,399	
1882..	92,911	1,442,000	15.40	4,541,190	287,831	4,829,021	2,662,410	73,032	2,736,442	2,092,579		3,531,579	4,013,000
1883.	86,656	1,492,000	17.17	5,642,820	293,589	5,936,409	3,019,860	64,590	3,084,450	2,851,959		4,343,050	
1884.	88,742	1,562,060	17.55	5,813,260	473,448	6,287,708	3,601,890	55,580	3,657,470	2,630,238		4,192,238	
1885..	84,763	1,678,000	19.02	5,218,673	39,473	5,613,426	2,571,607	1,042,191	3,613,798	1,999,628		3,677,628	
1886..	80,649	1,388,000	17.02	5,531,734	730,170	6,261,901	3,203,879	217,738	3,421,627	2,840,277		4,478,277	
1887.	85,191	1,826,000	21.37	5,725,455	378,211	6,653,666	3,261,595	243,730	3,505,325	3,128,311		4,974,311	
1888..	84,655	1,390,000	16.35	5,162,816	917,514	6,079,730	2,807,150	250,847	3,057,997	3,021,733		4,411,733	
1889..	85,376	1,715,000	20.00	5,277,784	887,347	6,165,131	2,735,501	326,632	3,062,133	3,102,998		4,817,998	
1890.	84,841	1,438,000	16.98	5,431,295	1,266,137	6,697,432	3,225,866	329,467	3,555,333	3,142,099		4,580,099	4,511,000
1891..	58,583	919,000	15.82	7,438,927	1,292,435	8,731,362	4,177,221	327,814	4,505,035	4,226,327		5,145,327	
1892..	74,216	1,426,000	19.12	6,602,340	1,483,591	8,085,931	4,277,353	231,782	4,509,135	3,576,796		5,002,796	
1893..	70,801	1,353,000	18.32	6,616,860	1,550,091	8,167,537	4,610,431	223,750	4,834,181	3,333,376		4,686,376	
1894..	64,586	1,102,000	17.08	8,126,481	1,549,210	9,675,691	4,939,488	228,321	5,167,809	4,507,882		5,609,882	
1895..	61,862	1,143,000	18.30	9,573,561	1,340,060	10,913,621	6,543,014	132,165	6,675,449	4,238,175		5,382,173	
1896..	62,265	1,380,000	21.45	10,531,496	1,803,975	12,145,471	7,550,875	139,201	7,690,076	4,455,395		5,835,395	
1897..	62,199	1,143,000	18.22	11,104,500	1,751,500	12,856,090	8,714,370	176,660	8,921,030	3,935,970		5,077,970	
1898..	73,088	1,334,000	19.57	10,473,380	1,969,700	12,443,090	8,209,190	169,840	8,379,030	4,064,050		5,398,050	
1899..	71,536	1,351,000	18.75	9,357,590	2,492,810	11,850,400	7,215,290	192,820	7,408,110	4,442,290		5,823,290	5,104,000
1900..	63,848	1,241,084	19.35	9,972,350	2,195,680	12,168,090	7,554,990	205,480	7,760,470	4,407,560		5,648,644	5,179,000
1901..	54,452	1,133,160	20.60	13,103,000	2,579,130	15,682,130	10,186,000	102,320	10,288,320	5,393,820		6,526,980	5,263,000
1902..	61,655	1,367,240	22.20	15,871,290	2,387,130	15,258,720	10,067,260	101,300	10,168,660	5,090,060		6,457,300	5,337,000
1903..	55,518	1,130,000	20.50	13,517,660	2,507,300	16,024,990	10,815,600	134,900	10,950,500	5,074,601		6,211,460	5,431,000
1904..	51,051	1,151,830	21.90	13,746,660	2,352,320	16,119,120	11,071,710	165,580	11,237,290	4,881,830		6,053,870	5,510,000
1905..	60,972	1,298,820	21.30	16,871,020	2,367,290	19,238,910	14,438,520	253,730	14,692,250	4,546,660		5,815,500	5,592,000
1906..	56,796	1,323,920	23.30	12,112,750	2,870,740	14,963,490	9,015,660	110,950	9,156,610	5,826,880		7,150,800	5,672,000
1907..	54,411	1,425,760	26.20	14,615,930	2,324,490	17,040,910	12,170,110	203,150	12,373,310	4,767,130		6,192,890	5,717,000
1908..	56,269	1,371,040	24.50	10,929,624	2,794,530	13,724,154	8,141,286	184,730	8,326,016	5,398,138		6,769,178	5,825,000
1909..	51,268	1,113,611	21.70	16,254,496	2,648,900	18,903,390	12,919,253	371,110	13,290,393	5,612,997		6,726,608	5,858,000
1910..	54,748	1,173,644	21.70	19,380,597	2,799,360	22,199,957	15,866,863	539,730	16,296,593	5,903,364		7,097,008	5,945,000
1911..	57,539	1,514,626	26.30										
1912..	57,682	1,253,149	21.70										

Superficie totale actuelle..................... 33,078 kilomètres carrés.

Densité de la population..................... 177 par kilomètre carré

Superficie............ { totale............ 3,260,589 hectares.
productive.......... 3,012,173 hectares, soit 92.4 p. 0/0.
improductive....... 248,416 hectares, soit 7.6 p. 0/0.
des terres labourables.. 884,079 hectares, soit 26.5 p. 0/0.
des céréales........ 459,323 hectares, soit 52 p. 0/0 de céréales.

PORTUGAL.

ANNÉES.	SUPERFICIE CULTIVÉE.	PRODUCTION	RENDEMENT MOYEN à l'hectare.	IMPORTATIONS.			EXPORTATIONS.			EXCÉDENT		QUANTITÉ DISPONIBLE représentée par la production plus l'importation moins l'exportation.	POPULATION.
				BLÉ, en grains.	FARINE convertie, en grains.	TOTAL, en grains.	BLÉ, en grains.	FARINE convertie, en grains.	TOTAL, en grains.	des IMPORTATIONS.	des EXPORTATIONS.		
1	2	3	4	5	6	7	8	9	10	11	12	13	14
	hectares.	quintaux.	quintaux.	quintaux.	quintaux.	quintaux.	quintaux.	quintaux.	quintaux.	quintaux.	quintaux.	quintaux.	
1880..	1,800,000	709,310	12,871	722,181	21,830	5,336	27,166	695,015		2,495,015			
1881..	1,800,000	818,650	37,965	856,618	1,490	4,840	6,330	850,288		2,650,288			
1882..	1,800,000	1,073,110	44,727	1,117,837	4,910	4,051	8,991	1,108,846		2,908,846			
1883..	1,800,000	858,190	23,124	881,314	550	9,481	9,931	871,383		2,671,383	4,551,000		
1884..	1,800,000	1,037,610	7,900	1,045,510	530	8,226	8,756	1,036,754		2,836,754			
1885..	1,800,000	995,441	23,315	1,018,756	116	7,927	8,043	1,010,713		2,810,713			
1886..	1,800,000	1,208,275	34,698	1,242,973	99	4,725	4,824	1,238,149		3,038,149			
1887..	1,800,000	1,253,920	48,938	1,302,858	422	5,830	6,252	1,296,606		3,096,606			
1888..	1,871,000	1,025,934	67,391	1,093,325	403	5,623	6,026	1,087,299		2,958,299			
1889..	2,243,000	763,043	81,074	844,117	124	3,941	4,065	840,052		3,083,052			
1890..	2,320,000	946,868	37,651	984,529	107	4,508	4,615	979,914		3,299,914	5,050,000		
1891..	1,741,000	1,123,854	54,802	1,178,656	381	5,987	6,368	1,172,288		2,913,288			
1892..	1,893,000	1,121,712	36,640	1,158,352	422	12,965	13,387	1,144,965		3,037,965			
1893..	1,632,000	1,444,044	20,607	1,464,651	236	16,658	16,894	1,447,757		3,079,757			
1894..	1,523,000	1,065,080	"	1,065,080	66	16,088	16,154	1,048,926		2,571,326			
1895..	1,850,000	1,379,030	"	1,379,030	10	12,678	12,688	1,366,342		3,216,342			
1896..	1,523,000	1,187,940	"	1,187,940	10	18,165	18,175	1,169,765		2,692,765			
1897..	1,875,000	1,412,280	"	1,412,280	49	24,747	24,796	1,387,464		3,262,484			
1898..	2,250,000	697,140	205,641	902,781	7	28,186	28,193	874,588		3,124,588			
1899..	1,087,000	1,004,550	1,493	1,006,043	30	26,174	26,204	979,839		2,066,839	5,304,000		
1900..	1,087,000	1,368,700	"	1,368,700	20	34,393	34,413	1,334,287		2,421,287	5,016,000		
1901..	1,305,000	923,160	326	923,486	13	30,548	30,561	892,599		2,197,599	5,055,000		
1902..	1,631,000	91,700	"	91,700	"	44,026	44,026	47,674		1,678,674	5,090,000		
1903..	1,600,000	747,960	"	747,960	"	40,284	40,284	707,676		2,307,676	5,126,000		
1904..	1,600,000	893,300	"	893,300	20	36,383	36,403	856,897		2,456,897	5,162,000		
1905..	1,600,000	1,271,670	"	1,271,670	10	37,351	37,361	1,234,299		2,834,299	5,197,000		
1906..	1,600,000	1,048,680	"	1,048,680	10	37,541	37,551	1,011,139		2,611,139	5,253,000		
1907..	1,600,000	261,940	"	261,940	4	42,769	42,773	219,167		1,819,167	5,259,000		
1908..	1,600,000	1,253,000	"	1,253,000	"	"	"	1,253,000		2,853,000	5,304,000		
1909..											5,340,000		
1910..											5,375,000		
1911..													
1912..													

Superficie totale actuelle.: . . . . 91,139 kilomètres carrés.

Densité de la population. . . . . 59 par kilomètre carré.

ROUMANIE.

ANNÉES.	SUPER-FICIE CULTIVÉE.	PRODUC-TION.	RENDEMENT MOYEN à l'hectare.	IMPORTATIONS.			EXPORTATIONS.			EXCÉDENT		QUANTITÉ DISPONIBLE représentée par la production plus l'importation moins l'exportation.	POPU-LATION.
				BLÉ, en grains.	FARINE convertie, en grains.	TOTAL, en grains.	BLÉ, en grains.	FARINE convertie, en grains.	TOTAL, en grains.	des IMPORTA-TIONS.	des EXPORTA-TIONS.		
1	2	3	4	5	6	7	8	9	10	11	12	13	14
	hectares.	quintaux.	quintaux.	quintaux.	quintaux.	quintaux.	quintaux.	quintaux.	quintaux.	quintaux.	quintaux.	quintaux.	
1880..	"	"	"	"	"	"	3,996,976	"					
1881..	"	"	"	"	"	"	2,030,001	"					
1882..	"	"	"	"	"	"	4,000,353	"					
1883..	"	"	"	"	"	"	4,015,728	"	"				
1884..	"	"	"	65,750	"	65,750	2,659,080	"					
1885..	"	"	"	26,395	59,035	85,430	3,835,345	222,780	4,058,125		3,972,695		
1886..	"	"	"	12,575	65,450	78,025	3,050,755	135,921	3,186,676		3,108,651		
1887..	"	"	"	28,194	110	28,304	5,021,653	133,131	5,154,784		5,126,480	•	
1888..	"	14,259,000	"	27,950	55	28,005	8,305,651	222,930	8,528,561		8,500,556		
1889..	1,339,928	13,743,000	9.90	22,230	38	22,268	9,453,932	146,115	9,600,047		9,667,779	4,075,221	
1890..	1,509,689	14,746,000	9.37	18,981	51	19,032	9,228,291	126,654	9,354,945		9,335,913	5,412,087	
1891..	1,541,051	13,328,000	8.32	35,418	27	35,445	6,613,748	159,527	6,773,275		6,737,830	6,500,170	
1892..	1,496,072	19,829,000	11.32	10,807	21	10,828	7,710,117	247,332	7,957,449		7,946,621	11,882,319	
1893..	1,303,590	16,697,000	12.30	29,641	40	29,681	7,029,513	291,855	7,321,368		7,291,687	9,403,313	
1894..	1,392,600	11,981,000	8.25	23,304	21	23,325	6,836,056	447,490	7,283,546		7,260,221	4,720,770	
1895..	1,438,000	18,929,000	12.60	85,119	64	85,183	9,712,388	314,702	10,027,090		9,941,907	8,987,093	
1896..	1,505,210	19,560,000	12.52	41,840	53	41,843	12,217,860	347,676	12,595,536		12,553,693	7,015,301	
1897..	1,505,090	10,019,000	6.07	105,280	45	105,325	4,339,540	145,570	4,485,110		4,379,785	5,639,215	
1898..	1,453,600	16,068,000	10.65	89,840	130	89,970	5,802,600	264,690	6,067,290		5,977,450	10,090,550	
1899..	1,661,360	7,161,000	4.12	259,790	30	259,820	1,813,310	333,650	2,146,960		1,887,170	5,276,830	5,957,000
1900..	1,589,490	15,031,800	9.80	70,830	27	70,857	7,216,760	323,900	7,540,660		7,469,880	8,164,970	6,045,000
1901..	1,636,550	19,499,760	11.90	49,590	63	49,653	5,685,230	342,859	6,028,089		5,978,486	13,501,324	6,126,000
1902..	1,486,485	21,514,750	14.50	107,240	20	107,260	9,185,420	272,433	9,457,853		9,350,593	12,164,187	6,195,000
1903..	1,605,657	20,501,970	12.80	116,850	30	116,880	8,335,210	252,513	8,587,723		8,470,843	12,031,127	6,292,000
1904..	1,720,390	15,102,850	8.80	112,710	2	112,712	7,105,200	17,260	7,122,460		7,009,748	8,003,102	6,392,000
1905..	1,956,250	28,511,180	14.60	54,210	20	54,230	17,163,840	612,536	17,776,376		17,722,146	10,689,034	6,480,000
1906..	2,022,843	30,561,500	15.10	129,730	70	129,800	17,277,830	946,570	18,224,400		18,094,600	11,614,900	6,586,000
1907..	1,714,317	11,648,100	6.80	9,640	30	9,670	11,514,240	707,293	12,221,533		12,211,863	− 563,763	6,684,000
1908..	1,801,685	15,108,640	8.4	"	77	77	17,277,826	219,047	17,496,873		17,496,796	−2,388,156	6,772,000
1909..	1,089,044	16,022,540	9.5	32,394	95	32,489	8,577,014	436,953	9,014,067		8,981,578	7,040,962	6,866,000
1910..	1,945,217	29,273,844	15.02	85,700	93	85,793	18,431,920	766,069	19,197,989		19,112,196	10,161,048	
1911..	1,930,164	26,033,561	13.5										
1912..	2,069,420	24,535,000	11.8										

Superficie totale actuelle .... 131,353 kilomètres carrés.
Densité de la population...... ... 53 par kilomètre carré.

Superficie ......
- totale............ 13,017,700 hectares.
- productive........ 9,973,663 hectares, soit 76.6 p. o/o.
- improductive...... 3,044,037 hectares, soit 23.4 p. o/o.
- des terres labourables.. 6,001,418 hectares, soit 46.10 p. o/o.
- des céréales....... 5,037,887 hectares, soit 83.9 p. o/o des terres labourables.

RUSSIE D'EUROPE ET D'ASIE.

ANNÉES.	SUPER-FICIE CULTIVÉE.	PRODUC-TION.	RENDEMENT MOYEN à l'hectare.	IMPORTATIONS.			EXPORTATIONS.			EXCÉDENT		QUANTITÉ DISPONIBLE représentée par la production plus l'importation moins l'exportation.	POPU-LATION.
				BLÉ, en grains.	FARINE convertie, en grains.	TOTAL, en grains.	BLÉ, en grains.	FARINE convertie, en grains.	TOTAL, en grains.	des IMPORTA-TIONS.	des EXPORTA-TIONS.		
1	2	3	4	5	6	7	8	9	10	11	12	13	14
	hectares.	quintaux.	quintaux.	quintaux.	quintaux.	quintaux.	quintaux.	quintaux.	quintaux.	quintaux.	quintaux.	quintaux.	
1880..	(1)	190,500,000		4,074	2,292	6,366	10,062,070	331,425	10,393,505		10,387,139	180,112,861	
1881..	11,711,761	190,500,000		3,977	1,341	5,318	13,474,670	278,968	13,753,647		13,748,329	176,751,671	
1882..	»	190,500,000		102,078	19,318	121,396	21,007,841	464,010	2,471,851		2,350,455	185,149,345	
1883..	»	190,500,000		69,522	61,620	131,142	23,129,215	313,634	23,142,849		23,291,707	167,208,291	
1884..	»	258,552,000		68,620	74,726	143,340	18,762,151	471,505	19,223,656		19,080,316	230,481,684	
1885..	»	172,378,200		319,100	70,200	389,300	25,407,673	817,931	26,225,604		25,836,304	147,541,890	
1886..	»	155,103,400		146,720	82,920	229,640	14,990,048	862,903	15,852,951		15,623,311	139,780,089	
1887..	»	152,800,000		41,925	30,670	72,595	22,153,950	924,038	23,077,988		23,005,393	129,794,067	
1888..	»	101,002,000		108,510	25,352	133,862	35,172,610	975,802	36,148,412		36,011,550	67,687,450	
1889..	»	103,686,000		14,780	39,592	54,372	31,211,435	886,092	32,097,517		32,083,145	71,802,855	
1890..	»	104,572,000		45,368	46,150	91,518	29,825,523	870,867	30,696,390		30,604,550	73,967,450	
1891..	»	90,776,000		»	74,560	74,560	28,889,242	875,318	29,764,560		29,690,000	61,086,000	
1892..	13,198,386	123,068,000		»	182,350	182,350	13,359,037	604,079	13,963,116		13,780,766	109,287,234	
1893..	13,119,218	152,836,000		»	62,780	62,780	25,590,474	747,428	26,337,902		26,275,122	120,760,078	
1894..	12,226,980	151,201,000		»	69,418	69,418	33,536,248	882,344	34,418,592		34,409,174	116,791,826	
1895..	12,541,790	130,688,000		»	50,660	50,660	38,846,972	982,126	39,829,098		39,778,438	100,058,912	
1896..	16,371,457 (2)	127,920,000		(4) 27,988	43,928	71,916	35,968,514	866,326	36,834,840		36,782,924	91,157,070	
1897..	16,770,810 (2)	132,300,000		(4) 31,800	55,166	86,968	34,939,687	881,876	35,821,563		35,734,595	96,565,405	
1898..	16,701,108 (2)	120,000,000		(4) 83,043	16,910	99,953	29,081,707	1,057,548	30,139,255		30,039,302	98,960,606	
1899..	17,510,017 (3)	138,902,000		(4) 28,770	4,616	33,386	17,544,127	898,975	18,443,102		18,409,716	119,552,284	133,000,000
1900..	21,170,496	136,875,000	6.46	(4) 49,882	3,753	53,635	19,144,289	1,072,071	20,216,360		20,162,725	116,712,275	135,590,000
1901..	21,076,180	110,422,759	5.30	(4) 60,320	140,350	200,670	22,699,404	926,380	23,625,784		23,425,114	92,997,645	138,431,000
1902..	22,302,308	165,298,645	7.41	(4) 125,230	252,580	377,860	30,474,335	817,697	31,292,032		30,911,172	134,384,473	141,335,000
1903..	23,155,838	169,133,131	7.30	(4) 210,480	299,850	519,330	41,760,646	1,303,958	43,064,604		42,545,274	126,587,857	144,299,000
1904..	23,051,152	181,459,739	7.87	330,028	26,027	557,655	46,008,799	1,490,405	47,499,204		46,941,649	134,518,090	147,331,000
1905..	25,174,116	173,166,451	6.87	86,847	50,286	137,133	48,130,009	1,386,407	49,516,516		49,379,383	123,789,055	150,420,000
1906..	27,539,387	147,911,010	5.37	188,078	50,300	238,378	36,035,181	1,438,640	37,473,821		37,235,443	110,675,575	153,551,000
1907..	27,021,091	155,283,516	5.75	1,156,754	80,711	1,257,465	23,203,901	946,092	24,153,193		22,895,728	132,387,790	156,806,000
1908..	27,237,425	170,531,014	6.27	1,356,294	100,536	1,456,830	14,709,731	759,608	15,469,339		14,010,509	169,429,505	160,092,000
1909..	29,006,397	230,286,087	7.93	760,554	211,731	972,285	51,510,022	1,350,102	52,860,124		51,887,830	178,400,248	163,778,000
1910..	31,385,825	227,387,212	7.28	20,311	1,968	22,279	61,352,928	1,448,947	62,801,875		62,779,596	164,607,618	
1911..	29,877,812	138,663,035	4.64										
1912..	28,854,100	204,100,531	7.07										

Superficie totale actuelle............... 22,701,000 kilomètres carrés.

Densité de la population. .... 7 par kilomètre carré.

(1) Jusqu'en 1900, superficie dans la Russie d'Europe, non compris la Pologne.

(2) Y compris le Caucase du Nord.

(3) A partir de 1900, superficie cultivée dans la totalité de l'empire (Russie d'Europe et Russie d'Asie).

(4) Toutes céréales, pommes de terre, pois et fèves.

SERBIE.

ANNÉES.	SUPERFICIE CULTIVÉE.	PRODUCTION	RENDEMENT MOYEN à l'hectare.	IMPORTATIONS.			EXPORTATIONS.			EXCÉDENT		QUANTITÉ DISPONIBLE représentée par la production plus l'importation moins l'exportation.	POPULATION.
				BLÉ, en grains.	FARINE convertie en grains.	TOTAL, en grains.	BLÉ, en grains.	FARINE convertie en grains.	TOTAL, en grains.	des IMPORTATIONS.	des EXPORTATIONS.		
1	2	3	4	5	6	7	8	9	10	11	12	13	14
	hectares.	quintaux.	quintaux.	quintaux.	quintaux.	quintaux.	quintaux.	quintaux.	quintaux.	quintaux.	quintaux.	quintaux.	
1880..													
1881.													
1882.													
1883.													
1884.													
1885.													
1886.													
1887.													
1888.		2,246,000		18	12,002	12,020	710,604	6,752	717,446		705,526	1,511,574	
1889.	187,744	2,893,000	13.35	4,775	8,232	13,007	491,337	9,251	500,588		487,581	2,005,518	
1890.		1,904,000		25,276	9,184	34,462	625,533	1,981	627,514		592,852	1,311,948	
1891.		2,176,000		220	8,234	8,454	862,025	7,114	869,139		860,685	1,315,315	2,162,000
1892.		3,025,000		113	8,772	8,885	794,642	61	794,703		785,808	2,230,292	
1893.	317,070	2,374,824	6.2	12	6,111	6,123	877,256	30	877,286		871,163	1,503,661	
1894.		2,176,000		2	6,243	6,245	527,417	14	527,431		521,486	1,654,514	
1895.		2,393,000		167	5,795	5,962	623,259	60	623,319		617,357	1,775,645	
1896.		2,176,070		39	4,037	4,076	1,030,141	30	1,030,171		1,026,095	1,149,905	
1897	270,743	3,644,579	13.10	35,376	8,701	44,077	308,500	30	308,530		264,453	3,380,126	
1898	281,634	2,613,419	9.30	15,000	8,640	23,640	617,281	750	618,031		594,391	2,040,028	
1899	403,819	3,185,878	7.80	125	5,350	5,475	775,421	120	775,541		770,066	2,415,812	2,450,000
1900	310,032	2,214,070	6.01	8	3,925	3,933	988,927	2,100	991,027		987,094	1,227,976	2,493,000
1901	304,814	2,265,087	6.65	10	4,070	4,080	595,120	11,240	606,360		601,380	1,603,707	2,536,000
1902	325,584	3,104,922	9.68	350	6,137	6,487	505,058	5,590	510,648		504,161	2,600,761	2,577,000
1903	348,062	2,902,501	8.30	103	6,644	6,747	501,211	49,311	550,522		543,775	2,418,726	2,022,000
1904	366,399	3,177,734	9.14	83	5,913	5,996	831,554	11,793	843,647		837,651	2,340,083	2,672,000
1905	372,143	3,064,913	7.08	775	7,390	8,165	931,467	24,823	956,290		948,125	2,116,788	2,658,000
1906	372,868	3,595,433	8.03	53	5,554	5,607	915,978	110,349	1,026,327		1,020,420	2,575,013	2,735,000
1907	367,603	2,279,359	6.27	1,733	4,046	5,779	542,272	42,665	584,937		579,158	1,700,201	2,764,000
1908..	370,665	3,128,412	8.24	202	3,469	3,671	903,427	80,010	983,437		979,766	2,148,646	2,821,000
1909..	378,048	4,388,875	11.60	31	1,534	1,565	1,441,392	67,347	1,508,739		1,507,174	2,881,701	2,818,000
1910..	385,833	3,480,059	9.02	1,773	991	2,764	726,439	144,554	870,793		868,229	2,611,809	
1911..	386,406	4,167,191	10.75										
1912..													

Superficie totale actuelle................ 48,303 kilomètres carrés.
Densité de la population................ 56 par kilomètre carré.

Superficie
- totale.............. 4,830,250 hectares.
- productive.....\.... 2,790,219 hectares, soit 57.77 p. o/o.
- improductive.... 2,040,041 hectares, soit 42.23 p. o/o.
- des terres labourables.. 1,612,192 hectares, soit 29.24 p. o/o.
- céréals............ 1,203,904 hectares, soit 85.25 p. o/o des terres labourables.

SUÈDE.

ANNÉES.	SUPER-FICIE CULTIVÉE.	PRODUC-TION	RENDEMENT MOYEN à l'hectare.	IMPORTATIONS.			EXPORTATIONS.			EXCÉDENT		QUANTITÉ DISPONIBLE représentée par la production plus l'importation moins l'exportation.	POPU-LATION.
				BLÉ, en grains.	FARINE convertie, en grains.	TOTAL, en grains.	BLÉ, en grains.	FARINE convertie, en grains.	TOTAL, en grains.	des IMPORTA-TIONS.	des EXPORTA-TIONS.		
1	2	3	4	5	6	7	8	9	10	11	12	13	14
	hectares.	quintaux.	quintaux	quintaux.	quintaux.	quintaux.	quintaux.	quintaux.	quintaux.	quintaux.	quintaux.	quintaux.	
	(1)												
1880..		951,750	10.30	86,280	465,283	451,563	57,870	25,514	83,384	368,179			1,319,029
1881..		655,500	9.36	421,440	268,236	689,676	3,150	8,971	12,121	677,555			1,333,035
1882..		936,000	13.30	418,870	322,456	741,326	3,010	63,637	66,667	674,659			1,610.659
1883..		804,000	11.40	502,940	555,985	1,058,225	12,820	98,219	111,039	947,186			1,751,186
1884..		996,750	14.23	473,460	559,849	1,033,309	6,230	103,720	109,950	923,359			1,920,199
1885..		1,050,750	15.00	474,551	562,227	1,036,778	17,101	98,008	115,109	921,669			1,972,419
1886..		1,002,250	11.31	325,321	550,745	876,066	35,899	57,794	123,193	755,873			1,758,123
1887..		1,155,000	16.50	376,457	496,780	873,237	17,459	79,425	96,887	776,350			1,931,350
1888..		1,055,500	15.12	483,676	300,117	783,793	196	29,075	29,271	754,722			1,813,022
1889..	64.496	1,006,500	14.87	542,419	292,374	834,793	309	29,408	29,717	805,076			1,811,576
1890..	70,574	1,086,940	15.90	572,541	157,130	729,971	107	36,184	36,351	693,620			1,780,500
1891..	70,995	1,163,820	16.39	741,773	222,417	964,190	205	22,048	22,253	941,937			2,105,757
1892.	71,360	1,160,900	16.30	1,181,873	311,750	1,493,623	395	21,105	21,500	1,472,123			2,641,923
1893..	70,731	1,039,750	14.70	1,213,573	456,417	1,669,990	552	2,317	2,869	1,667,121			2,705,871
1894..	70,855	1,166,550	16.46	1,542,594	528,695	2,071,280	237	1,245	1,482	2,069,807			3,236,657
1895..	71,141	981,000	13.99	1,075,383	131,084	1,206,467	30	1,341	1,371	1,205,096			2,186,096
1896..	71,314	1,293,240	17.40	1,200,120	141,596	1,341,710	480	1,150	1,630	1,340,080			2,631,320
1897..	72,090	1,285,440	17.17	1,108,330	75,100	1,183,430	150	31,590	31,740	1,151,690			2,437,130
1898..	73,981	1,235,760	16.50	1,323,400	79,900	1,403,300	190	10,740	10,930	1,483,370			2,719,130
1899..	75,449	1,251,900	15.07	1,567,440	202,850	1,770,290	300	5,930	6,230	1,764,060			3,015,960	5,097,000
1900..	77,855	1,497,803	19.23	1,579,080	123,826	1,702,906	370	600	970	1,701,936			3,199,739	5,136,000
1901..	78,037	1,152,535	14.60	1,720,350	109,900	1,830,260	780	3,433	4,213	1,526,047			2,978,582	5,175,600
1902..	81,882	1,240,474	15.14	2,044,070	124,943	2,169,013	360	2,946	3,306	2,165,707			3,406,181	5,199,000
1903..	81,150	1,502,732	18.51	2,242,070	118,743	2,360,813	460	500	960	2,359,853			3,862,585	5,221,000
1904..	80,900	1,393,350	17.22	2,199,710	102,690	2,302,400	510	1,173	1,683	2,300,717			3,694,077	5,261,000
1905..	83,260	1,519,770	18.25	1,974,550	73,457	2,048,007	350	866	1,216	2,046,791			3,566,561	5,295,000
1906..	85,820	1,851,210	21.58	2,133,420	106,620	2,240,040	530	323	853	2,239,177			4,090,387	5,337,000
1907..	87,774	1,659,530	18.90	1,539,550	159,293	1,698,843	880	490	1,370	1,697,473			3,357,003	5,378,000
1908..	91,013	1,907,100	20.95	2,079,168	151,581	2,230,759	864	1,181	2,045	2,228,714			4,135,814	5,430,000
1909..	92,500	1,880,710	20.33	1,938,225	89,726	2,027,951	841	1,176	2,017	2,025,934			3,906,644	5,476,000
1910..	97,517	2,070,000	21.23	1,867,795	112,876	1,980,668	1,433	1,826	3,259	1,977,409			4,047,409	5,522,000
1911..	101,477	2,230,370	22.03											
1912..													

Superficie totale actuelle.................... 447,864 kilomètres carrés.
Densité de la population.................... 12 par kilomètre carré.

Superficie.......... totale............... 44,786.458 hectares.
productive......... 26,387,554 hectares, soit 58.9 p. o/o.
improductive....... 18,398,894 hectares, soit 41.1 p. o/o.
des terres labourables. 3,644,905 hectares, soit 8.14 p. o/o.
des céréales......... 1,635,193 hectares, soit 44.9 p. o/o des terres labourables.

(1) Avant 1889 les statistiques donnent la superficie du blé et du seigle sans distinction.

SUISSE.

ANNÉES.	SUPERFICIE CULTIVÉE.	PRODUCTION.	RENDEMENT MOYEN à l'hectare.	IMPORTATIONS.			EXPORTATIONS.			EXCÉDENT		QUANTITÉ DISPONIBLE représentée par la production plus l'importation moins l'exportation.	POPULATION.
				BLÉ, en grains.	FARINE convertie, en grains.	TOTAL, en grains.	BLÉ, en grains.	FARINE convertie, en grains.	TOTAL, en grains.	des IMPORTATIONS.	des EXPORTATIONS.		
1	2	3	4	5	6	7	8	9	10	11	12	13	14
	hectares.	quintaux.	quintaux.	quintaux.	quintaux.	quintaux.	quintaux.	quintaux. (1)	quintaux.	quintaux.	quintaux.	quintaux.	
1880..		750,000		2,794,196	171,024	2,965,220	160	393	553	2,964,667		3,714,667	
1881..		750,000		2,464,982	187,109	2,652,091	184	377	561	2,651,530		3,401,530	
1882..		750,000		2,750,395	282,491	3,032,886	110	422	532	3,032,354		3,782,354	
1883..		750,000		2,428,603	305,487	2,734,090	106	563	669	2,733,421		3,483,421	2,832,000
1884..		750,000		2,924,104	288,084	3,212,688	95	635	730	3,211,958		3,961,958	
1885..		750,000		2,699,183	431,989	3,131,172	3,280	58,330	61,610	3,069,562		3,819,562	
1886..		750,000		2,935,229	437,580	3,372,809	3,655	72,497	76,152	3,296,657		4,046,657	
1887..		750,000		2,876,419	409,160	3,285,579	3,761	47,025	50,786	3,234,793		3,984,793	
1888..		764,000		3,001,676	400,156	3,401,832	3,252	71,128	74,380	3,327,452		4,091,452	
1889..		853,000		2,930,251	325,785	3,256,036	2,217	69,600	71,817	3,184,219		4,037,219	
1890..		816,000		3,302,442	300,222	3,602,664	2,615	80,844	83,459	3,519,205		4,335,205	
1891..		707,000		3,427,717	329,162	3,756,879	4,256	65,470	69,726	3,687,153		4,394,153	2,918,000
1892..		870,000		3,080,444	341,454	3,421,898	2,784	53,940	56,724	3,365,174		4,235,174	
1893..		979,000		3,341,033	387,998	3,729,021	918	49,210	50,128	3,688,893		4,667,893	
1894..		1,281,000		3,594,411	409,510	4,003,921	2,095	46,435	48,530	3,955,391		5,239,391	
1895..		1,523,000		3,762,628	485,931	4,248,559	1,533	43,322	44,855	4,203,704		5,276,704	
1896..	68,296	1,806,900	19.13	4,224,351	622,561	4,846,942	1,394	46,301	47,695	4,799,247		6,105,247	
1897..		1,087,000		3,532,000	505,984	4,037,984	1,700	54,480	56,180	3,981,804		5,068,804	
1898..		1,275,000		3,447,000	457,143	3,904,143	3,430	82,527	85,957	3,818,186		5,093,186	
1899..		1,087,000		3,813,000	528,741	4,341,741	1,020	59,695	60,715	4,281,026		5,368,026	3,263,000
1900..		1,087,000		3,585,000	427,690	4,012,690	930	54,406	55,336	3,957,354		5,044,354	3,315,000
1901..		1,087,000		3,879,000	612,450	4,491,450	1,790	56,944	58,734	4,432,716		5,519,716	3,340,000
1902..		1,087,000		4,144,000	517,834	4,661,834	1,600	66,210	67,810	4,594,024		5,681,024	3,383,000
1903..		1,000,000		4,413,000	482,393	4,925,393	1,680	66,187	67,867	4,857,526		5,857,526	3,426,000
1904..		1,000,000		4,657,000	524,045	5,211,045	1,830	69,842	71,672	5,139,373		6,139,373	3,466,000
1905..		1,000,000		4,398,000	492,323	4,890,323	1,440	70,871	72,311	4,818,012		5,818,012	3,510,000
1906..		1,000,000		4,408,000	513,366	4,921,366	3,580	68,275	71,855	4,849,511		5,849,511	3,554,000
1907..		1,000,000		4,684,000	558,140	5,242,140	3,040	70,949	73,989	5,168,151		6,168,151	3,596,000
1908..	45,000	950,000	22.1	3,304,000	838,117	4,142,117	1,019	68,889	69,908	4,072,209		5,022,209	3,639,000
1909.	42,400	971,000	22.9	4,001,000	673,763	4,674,763	1,013	41,072	42,085	4,632,078		5,603,078	3,682,000
1910..	42,400	750,000	17.7	3,990,000	728,791	4,718,791	4,367	38,720	43,087	4,675,704		5,425,704	3,742,000
1911..	42,365	959,200	22.6	4,393,211	654,846	5,048,057	3,832	43,935	47,767	5,000,290		5,959,490	
1912..	42,365	847,000	20.0										

Superficie totale actuelle.................. 41,324 kilomètres carrés.
Densité de la population .... 90 par kilomètres carrés.

Superficie..........
- totale............. 4,132,399 hectares.
- productive......... 3,090,032 hectares, soit 74.8 p. o/o.
- improductive....... 1,042,367 hectares, soit 25.2 p. o/o.
- des terres labourables. 219,660 hectares, soit 5.31 p. o/o.
- des céréales. .... 134,200 hectares, soit 61.9 p. o/o des terres labourables.

(1) Toutes farines sauf celle de riz.

TURQUIE.

ANNÉES.	SUPERFICIE CULTIVÉE.	PRODUCTION.	RENDEMENT moyen à l'hectare.	IMPORTATIONS.			EXPORTATIONS.			EXCÉDENT		QUANTITÉ DISPONIBLE représentée par la production plus l'importation moins l'exportation.	POPULATION.
				BLÉ, en grains.	FARINE convertie, en grains.	TOTAL, en grains.	BLÉ, en grains.	FARINE convertie, en grains.	TOTAL, en grains.	des IMPORTATIONS.	des EXPORTATIONS.		
1	2	3	4	5	6	7	8	9	10	11	12	13	14
	hectares.	quintaux.	quintaux	quintaux.	quintaux.	quintaux.	quintaux.	quintaux.	quintaux.	quintaux.	quintaux.	quintaux.	
1880..													
1881..													
1882..													
1883..													
1884..													
1885..				276,730			21,320							
1886..				196,610			330,070							
1887.				299,110			201,750							
1888..		5,230,000		295,560			243,810							
1889..		8,978,000		349,790			663,220							
1890..		7,481,000		249,020			581,930							6,080,000
1891..		8,160,000		126,600			776,160							
1892..		6,528,000		217,930			336,630							
1893..		7,616,000		357,290			79,380							
1894..		6,953,000		369,190			69,180							
1895..		9,218,000		257,600			181,610							
1896..		9,792,000												
1897..														
1898..		12,000,000		344,100			173,260							
1899..		6,525,000		417,350			77,350							
1900..		8,700,000		190,420			108,560							
1901..		8,700,000												
1902..		10,875,000												
1903..														
1904..														
1905..				103,110			10,560							
1906..														
1907..														
1908..														
1909..														
1910..	467,173	6,580,311	14,1											6,166,000
1911..														
1912..														

Superficie totale actuelle.................... 170,053 kilomètres carrés.

Densité de la population.................... 36 par kilomètre carré.

ANNÉES.	SUPERFICIE CULTIVÉE.	PRODUCTION.	RENDEMENT à l'hectare.	IMPORTATIONS.			EXPORTATIONS.			EXCÉDENT		QUANTITÉ DISPONIBLE représentée par la production plus l'importation moins l'exportation.	POPULATION.
				BLÉ, en grains.	FARINE convertie, en grains.	TOTAL, en grains.	BLÉ, en grains.	FARINE convertie, en grains.	TOTAL, en grains.	des IMPORTATIONS.	des EXPORTATIONS.		
»	2	3	4	5	6	7	8	9	10	11	12	13	14
	hectares.	quintaux.	quiqt.	quintaux.	quintaux.	quintaux.	quintaux.	quintaux.	quintaux.	quintaux.	quintaux.	quintaux.	
1880..							1,118,000						
1881..							3,762,000						
1882..							10,110,000						
1883..							7,208,000						
1884..	»	68,598,348		»	»	»	10,665,000	»	»				
1885..	»	81,534,854	»	8,890	15,484	24,374	7,923,960	71,650	7,995,610		7,970,876	73,563,978	
1886..	»	70,804,470	»	19,234	16,212	35,446	10,533,158	122,337	10,655,495		10,620,049	59,784,421	
1887..	»	65,026,599	»	14,334	16,465	30,799	11,130,435	231,621	11,362,056		11,331,257	53,695,342	
1888..	»	72,004,000	»	399	12,554	12,953	6,768,247	233,814	7,002,061		6,989,108	60,014,892	
1889..	»	58,090,000	»	53,334	10,405	63,739	8,804,615	235,161	9,039,776		8,976,037	49,122,963	
1890..	10,755,000	61,363,000	5.70	63,030	9,886	72,916	7,274,812	304,791	7,579,603		7,506,685	55,856,315	287,271,000
1891..	9,907,020	74,511,000	7.55	175,723	8,970	184,793	15,395,804	395,462	15,791,266		15,606,473	59,204,527	
1892..	8,166,000	56,206,000	6.88	52,082	8,531	60,613	7,606,514	375,462	7,981,966		7,921,353	48,284,647	
1893..	8,693,000	71,384,000	8.21	26,709	9,048	35,757	6,175,680	443,533	6,619,213		6,563,456	64,800,544	
1894..	8,989,000	73,853,000	8.21	118,094	8,098	126,192	3,500,186	426,937	3,927,123		3,800,931	70,032,069	
1895..	9,209,000	71,113,000	7.72	73,647	8,335	73,647	5,082,119	480,255	5,562,374		5,480,417	65,632,583	
1896..	7,397,000	54,607,000	7.39	300,678	8,834	309,512	991,450	436,646	1,428,096		1,118,686	53,548,414	
1897..	6,547,000	54,494,000	8.32	23,162	20,810	43,972	1,227,080	368,495	1,595,575		1,551,603	52,942,397	
1898..	8,070,000	73,241,000	9.07	23	6,028	6,051	9,934,850	495,612	10,430,462		10,424,411	62,816,589	
1899..	8,183,000	69,475,000	8.49	153,763	12,246	166,009	4,968,900	405,031	5,373,931		5,207,922	64,267,078	
1900..	6,516,000	54,431,000	8.35	279,675	10,215	289,890	96,280	361,073	457,353		167,363	51,265,637	
1901..	9,057,506	72,073,589	7.5	105,457	20,577	126,034	3,748,380	384,292	4,132,672		4,006,638	68,006,951	294,317,000
1902..	9,488,192	61,582,586	6.5	391	17,221	17,615	5,318,360	521,323	5,839,653		5,822,068	56,060,518	
1903..	9,467,000	80,993,038	8.6	9,426	13,487	22,913	13,226,000	588,366	13,814,366		13,791,453	67,202,185	
1904..	11,498,474	97,958,565	8.5	64	6,059	6,123	21,899,150	748,865	22,648,015		22,641,892	75,316,673	
1905..	11,521,321	77,087,090	6.7	227,307	9,509	236,816	9,570,000	652,714	10,222,714		9,985,898	67,051,192	
1906..	10,666,313	87,070,050	8.2	104,818	3,559	108,407	8,189,350	594,203	8,763,553		8,675,146	78,401,504	
1907..	11,821,714	82,270,063	7.3	127,834	35,399	163,233	8,975,920	540,419	9,516,339		9,353,106	72,926,557	
1908..	9,271,745	62,233,895	6.7	289,978	96,567	386,545	1,136,600	437,115	1,573,715		1,187,170	61,046,725	
1909..	10,617,144	77,815,830	7.3	386	34,424	34,810	10,654,900	508,985	11,163,885		11,129,075	66,486,755	
1910..	11,374,138	97,583,904	8.6	440	41,970	42,416	12,909,590	584,456	13,494,046		13,452,076	84,429,828	
1911..	12,538,612	102,046,199	8.3	»	»	»	12,623,261	»	12,623,261		12,623,261	89,392,938	314,955,000
1912..	12,349,943	99,862,170	8.1	»	»	»	»	»	»		»	»	

Superficie totale actuelle...................... 2,516,011 kilomètres carrés.
Densité de la population...................... 125.2 par kilomètre carré.

Superficie............
 { totale.............. 251,601,191 hectares.
 { productive......... 187,813,168 hectares, soit 74.6 p. o/o.
 { improductive........ 63,788,023 hectares, soit 25.4 p. o/o.
 { terres labourables .... 117,507,728 hectares, soit 46.7 p. o/o.
 { des céréales......... 64,390,416 hectares, soit 54.8 p. o/o des terres labourables.

JAPON.

ANNÉES.	SUPER-FICIE CULTIVÉE.	PRODUC-TION.	RENDEMENT MOYEN à l'hectare.	IMPORTATIONS.			EXPORTATIONS.			EXCÉDENT		QUANTITÉ DISPONIBLE représentée par la production plus l'importation moins l'exportation.	POPU-LATION.
				BLÉ, en grains.	FARINE convertie en grains.	TOTAL, en grains.	BLÉ, en grains.	FARINE convertie en grains.	TOTAL, en grains.	des IMPORTA-TIONS.	des EXPORTA-TIONS.		
1	2	3	4	5	6	5	8	9	10	11	12	13	14
	hectares.	quintaux.	quint.	quintaux.	quintaux.	quintaux.	quintaux.	quintaux.	quintaux.	quintaux.	quintaux.	quintaux.	
1880..	479,000	6,146,000	12.8	"	"	"	"	"	"		"	"	
1881..	363,000	2,840,000	7.8	"	"	"	"	"	"		"	"	
1882..	367,000	3,452,000	9.4	"	"	"	"	"	"		"	"	37,452,000
1883..	372,000	3,320,000	8.9	"	"	"	240,206	"	240,206		240,206	3,079,891	
1884..	388,000	3,796,000	9.8	"	"	"	87,583	"	87,583		87,583	3,708,417	
1885..	396,000	3,363,000	8.5	"	"	"	117,270	"	117,270		117,270	3,245,730	
1886..	400,000	4,476,000	11.2	185	"	185	81,893	"	81,893		81,708	4,394,292	
1887..	387,000	4,237,000	10.9	610	"	610	45,428	"	45,428		44,818	4,192,182	
1888..	401,000	4,309,000	10.7	95	"	95	74,958	"	74,958		74,863	4,234,137	
1889..	432,000	4,486,000	10.4	14,958	"	14,958	91,020	"	91,020		76,062	4,409,338	
1890..	454,000	3,419,000	7.5	22,061	"	22,061	39,546	"	39,546		17,485	3,401,515	41,385,000
1891..	425,000	4,972,000	11.7	16,785	"	16,785	17,847	"	17,847		1,062	4,970,938	
1892..	430,000	4,283,000	10.0	12,847	"	12,847	54,926	"	54,926		42,079	4,241,021	
1893..	433,000	4,583,000	10.6	678	"	678	63,521	"	63,521		62,843	4,521,157	
1894..	437,000	5,525,000	12.6	11,111	(1)	11,111	61,879	"	64,879		53,768	5,471,232	
1895..	443,000	5,533,000	12.5	22,277	90,254	112,531	25,369	"	25,369	87,162		5,620,162	
1896..	438,000	4,948,000	11.5	23,263	205,203	229,466	2,723	"	2,723	226,743		5,174,743	
1897..	451,000	5,305,000	11.7	96,112	201,369	297,431	1,088	"	1,088	296,343		5,604,343	
1898..	462,000	5,824,000	12.6	26,870	334,148	370,018	555	"	555	379,463		6,203,463	
1899..	461,000	5,767,000	12.5	16,385	249,409	265,794	826	"	826	265,968		6,033,968	43,961,000
1900..	464,675	3,720,000	12.05	134,102	724,974	859,076	679	"	679	858,397		6,578,397	44,816,000
1901..	483,251	5,006,758	12.20	51,524	541,305	592,859	"	"	"	592,859		6,499,047	45,437,000
1902..	480,177	5,335,571	11.10	51,920	620,100	672,020	"	"	"	672,020		6,010,591	46,022,000
1903..	466,025	2,531,774	5.40	759,378	1,795,769	2,555,147	"	"	"	2,555,147		5,089,921	46,733,000
1904..	454,855	5,299,038	11.50	2,399	1,646,207	1,648,606	"	800	800	1,647,806		6,857,444	47,216,000
1905..	449,731	4,862,068	10.80	6,158	1,583,760	1,577,002	"	446	446	1,577,156		6,439,224	47,674,000
1906..	430,526	5,319,058	12.20	2,131	1,368,708	1,370,839	"	728	728	1,370,111		6,719,169	48,161,000
1907..	440,349	6,011,639	13.70	582,428	1,060,210	1,602,718	520	164	684	1,602,034		7,613,673	48,816,000
1908..	445,865	5,950,801	13.40	356,971	-445,076	801,947	163	996	1,159	800,788		6,757,589	49,580,000
1909..	447,645	6,053,570	13.50	210,201	217,650	427,851	200	3,235	3,435	424,411		6,480,981	50,295,000
1910..	471,532	6,457,683	13.70	404,614	20,234	314,848	7,975	8,209	16,184	398,664		6,956,357	50,939,000
1911..	495,079	6,763,284	13.70	"	"	"	"	"	"		"	"	
1912..	505,000	6,655,000	13.20	"	"	"	"	"	"		"	"	

Superficie totale actuelle.................... 453,916 kilomètres carrés.

Densité de la population.................... 117 par kilomètre carré.

(1) Avant 1894, les statistiques ne font aucune distinction entre les diverses espèces de farine.

ANNÉES.	SUPER-FICIE CULTIVÉE.	PRODUC-TION.	RENDEMENT moyen à l'hectare.	IMPORTATIONS.			EXPORTATIONS.			EXCÉDENT		QUANTITÉ DISPONIBLE représentée par la production plus l'importation moins l'exportation.	POPU-LATION.
				BLÉ, en grains.	FARINE convertie, en grains.	TOTAL, en grains.	BLÉ, en grains.	FARINE convertie, en grains.	TOTAL, en grains.	des IMPORTA-TIONS.	des EXPORTA-TIONS.		
1	2	3	4	5	6	7	8	9	10	11	12	13	14
	hectares.	quintaux.	quintaux.	quintaux.	quintaux.	quintaux.	quintaux.	quintaux.	quintaux.	quintaux.	quintaux.	quintaux.	
1880..		5,500,000		62,625	37,184	99,809	1,330,448	19,720	1,350,168		1,350,259	4,149,741	
1881..		5,500,000		75,234	53,434	128,668	586,443	4,995	591,439		462,771	5,037,229	
1882..		5,500,000		119,269	67,687	186,956	106,452	15,709	122,161	64,795		5,564,795	6,800,381
1883..		5,500,000		71,532	55,134	126,666	8,380	915	9,295	117,371		5,617,371	
1884..		5,500,000		231,373	140,083	371,456	276,702	15,843	292,605	78,851		5,578,851	
1885..		5,500,000		323,497	145,697	469,194	380,013	14,387	394,400	74,794		5,574,794	
1886..		5,500,000		410,040	211,461	621,501	164,377	3,743	168,120	453,381		5,953,381	
1887..		5,587,000		129,411	137,927	267,338	423,715	80,296	504,011		236,673	5,350,327	
1888..		5,842,000		90,633	126,160	216,793	852,880	115,391	968,271		751,478	5,090,522	
1889..		7,500,000		245,191	123,755	368,949	317,131	5,604	322,735	46,214		7,546,214	
1890..		7,500,000		307,836	123,640	431,476	409,820	9,187	419,007	12,469		7,512,469	
1891..		7,500,000		55,837	101,428	157,265	917,495	38,777	956,272		799,007	6,700,993	
1892..		7,500,000		134,873	109,761	244,634	417,408	17,523	434,931		190,297	7,309,703	
1893..		7,500,000		245,105	263,372	508,477	157,524	3,284	160,808	347,669		7,847,669	
1894..		5,000,000		69,102	288,901	358,003	192,222	9,606	201,828	156,175		5,156,175	
1895..		6,000,000		131,704	522,533	654,237	226,098	3,724	229,822	424,415		6,424,415	
1896..		7,500,000		263,102	950,513	1,213,615	112,104	1,006	113,110	1,100,505		8,600,505	
1897..		7,500,000		124,904	801,190	926,094	57,948	3,761	61,709	864,385		8,361,885	
1898..	500,420	7,500,000	15.0	67,505	505,768	573,273	81,581	15,021	96,602	476,671		7,976,671	9,734,405
1899..	521,345	7,500,000	14.8	24,930	502,547	527,477	33,770	12,578	46,348	481,129		7,981,129	
1900..	532,474	8,000,000	15.0	111,353	713,864	825,217	15,695	6,233	21,928	803,289		8,803,289	10,027,000
1901..	544,221	8,000,000	14.7	173,376	951,517	1,124,893	7,650	3,091	10,741	1,114,152		9,114,152	10,176,000
1902..	547,246	8,000,000	14.6	112,265	834,928	947,193	21,391	6,086	27,477	922,716		8,922,716	10,326,000
1903..	519,529	8,000,000	15.4	70,366	968,246	1,038,612	48,180	9,123	57,303	981,309		8,981,309	10,462,000
1904..	524,627	8,000,000	15.3	98,932	1,126,194	1,225,126	30,556	7,776	38,332	1,177,764		9,177,764	10,638,000
1905..	493,479	8,000,000	16.1	299,918	1,734,600	2,034,518	37,699	9,506	47,315	1,987,203		9,987,203	10,797,000
1906..	512,574	8,500,000	16.6	194,378	2,139,106	2,333,484	35,028	7,587	42,615	2,290,869		10,790,869	10,958,000
1907..	511,803	8,500,000	16.6	156,186	2,009,724	2,167,910	37,278	18,838	56,116	2,111,794		10,611,794	11,122,000
1908..	490,723	8,500,000	17.3	174,533	2,438,216	2,612,749	33,862	33,291	67,153	2,545,596		11,145,596	11,257,000
1909..	524,791	9,273,559	17.70	47,204	2,434,020	2,481,224	6,652	42,650	49,302	2,431,922		11,705,461	11,056,000
1910..	525,823	8,878,500	16.90	9,181	1,737,198	1,746,379	24,790	55,524	80,314	1,666,065		10,544,565	11,620,000
1911..	519,984	10,354,500	19.90	19,529	2,302,924	2,322,453	133	51,159	51,292	2,271,161		12,625,661	11,800,000
1912..	538,935	7,878,504	14.60										

Superficie totale actuelle..................... 930,000 kilomètres carrés.

Densité de la population..................... 12.1 par kilomètre carré.

LE CAP.

ANNÉES.	SUPERFICIE CULTIVÉE.	PRODUCTION.	RENDEMENT MOYEN à l'hectare.	IMPORTATIONS.			EXPORTATIONS.			EXCÉDENT		QUANTITÉ DISPONIBLE représentée par la production plus l'importation moins l'exportation.	POPULATION.
				BLÉ, en grains.	FARINE convertie, en grains.	TOTAL, en grains.	BLÉ, en grains.	FARINE convertie, en grains.	TOTAL, en grains.	des IMPORTATIONS.	des EXPORTATIONS.		
1	2	3	4	5	6	7	8	9	10	11	12	13	14
	hectares.	quintaux.	quintaux.	quintaux.	quintaux.	quintaux.	quintaux.	quintaux.	quintaux.	quintaux.	quintaux.	quintaux.	
	(1)												
1880..		750,000		179,100	125,660	304,760	»	»	»	304,760		1,054,760	
1881..		750,000		189,450	206,500	395,950	»	»	»	395,950		1,145,950	
1882..		750,000		258,150	133,335	391,485	»	»	»	391,485		1,141,485	
1883..		750,000		228,800	211,280	440,080	»	»	»	440,080		1,190,080	
1884..		750,000		195,180	167,800	362,980	»	»	»	362,980		1,112,980	
1885..		750,000		237,520	94,920	332,420	»	»	»	332,420		1,082,420	
1886..		750,000		99,950	5,024	105,004	»	»	»	105,004		855,004	
1887..		974,000		85,680	4,302	89,982	»	»	»	89,982		1,063,982	
1888..		1,037,000		-37,230	16,720	53,950	»	»	»	53,950		1,090,950	
1889..		981,200		25,740	5,912	31,652	»	»	»	31,652		1,012,852	
1890..		539,650		269,700	24,772	294,472	»	»	»	294,472		834,122	
1891..		742,100		244,800	24,680	269,480	»	»	»	269,480		1,011,580	1,527,000
1892..		1,060,000		153,250	14,672	167,922	»	»	»	167,922		1,227,922	
1893..		1,000,000		152,650	29,830	182,480	»	»	»	182,480		1,242,480	
1894..		842,000		175,600	22,850	198,450	»	»	»	198,450		1,041,050	
1895..		676,000		285,700	14,258	299,958	»	»	»	299,958		975,958	
1896..		595,200		779,000	90,120	869,120	»	»	»	869,120		1,464,320	
1897..		573,000		837,200	93,880	931,080	»	»	»	931,080		1,504,080	
1898..		532,810		1,056,100	108,020	1,164,120	»	»	»	1,164,120		1,696,930	
1899..		599,250		824,400	107,220	931,620	»	»	»	931,620		1,530,870	
1900..		550,000		1,051,800	259,000	1,310,800	»	»	»	1,310,800		1,860,800	
1901..		550,000		1,389,200	297,100	1,686,300	»	»	»	1,686,300		2,236,300	2,410,000
1902..		550,000		1,417,500	572,200	1,989,700	»	»	»	1,989,700		2,539,700	
1903..		550,000		2,372,400	541,900	2,914,300	»	»	»	2,914,300		3,464,300	
1904..		465,200											
1905..													
1906..													
1907..													
1908..		503,600											
1909..		503,600											
1910..		638,200											
1911..													
1912..													2,563,000

Superficie totale actuelle...................... 717,517 kilomètres carrés.

Densité de la population...................... 35.7 par kilomètre carré.

(1) La superficie cultivée n'est pas recensée.

ANNÉES.	SUPER-FICIE CULTIVÉE.	PRODUC-TION	RENDEMENT MOYEN à l'hectare.	IMPORTATIONS.			EXPORTATIONS.			EXCÉDENT		QUANTITÉ DISPONIBLE représentée par la production plus l'importation moins l'exportation.	POPU-LATION.
				BLÉ, en grains.	FARINE convertie, en grains.	TOTAL, en grains.	BLÉ, en grains.	FARINE convertie, en grains.	TOTAL, en grains.	des IMPORTA-TIONS.	des EXPORTA-TIONS.		
1	2	3	4	5	6	7	8	9	10	11	12	13	14
	hectares.	quintaux.	quintaux	quintaux.	quintaux.	quintaux.	quintaux.	quintaux.	quintaux.	quintaux.	quintaux.	quintaux.	
1880..	990,000	8,500,000	9.44	2,050,100	69,805	2,119,907	3,316,700	989,030	4,305,730		2.185,845	6,814,155	
1881..	957,620	8,804,440	8.77	2,000,500	359,597	2,360,097	2,478,600	800,305	3,278,905		918,908	7,885,541	
1882..	718,420	11,043,000	15.37	798,900	313,981	1,112,881	1,753,500	854,925	2,608,425		1,445,044	9,597,356	4,525,000
1883..	765,800	7,164,000	9.35	1,352,119	482,220	1,834,389	2,925,550	800,064	3,815,614		1,351,275	5,812,725	
1884..	760,090	11,296,000	14.74	992,300	966,762	1,959,062	823,400	359,248	1,182,648	776,414		12,072,414	
1885..	826,400	10,250,000	12.40	863,944	434,611	1,295,555	1,497,969	204,546	1,702,515		403,960.	9,846,040	
1886..	747,520	9,080,000	12.14	655,448	273,555	929,003	1,575,872	527,575	2,103,445		1,174,442	7,911,556	
1887..	734,200	8,822,300	12.01	980,687	221,436	1,202,123	2,520,744	674,586	3,195,330		1,993,207	6,820,093	
1888..	693,000	8,970,000	12.95	1,444,917	82,790	1,527,707	2,016,059	451,987	2,468,046		940,339	8,038,661	
1889..	745,800	8,432,000	11.30	476,414	354,813	831,227	493,055	198,561	691,600	-139,558		8,571,558	
1890..	1,108,100	10,475,000	9.45	785,731	235,540	1,021,271	712,776	190,454	903,230	118,041		10,593,041	4,833,000
1891..	921,400	15,160,000	16.45	710,206	83,676	793,882	1,253,700	397,880	1,651,580		857,698	14,302,302	
1892..	1,008,000	13,101,000	13.00	1,394,609	69,740	1,464,349	3,772,403	507,397	4,279,800		2,814,931	10,289,049	
1893..	920,200	11,246,000	12.22	1,147,890	67,363	1,215,253	3,592,610	547,537	4,140,147		2,924,894	8,321,100	
1894..	817,100	11,561,000	14.14	1,315,113	111,010	1,427,023	3,910,359	609,970	4,526,329		3,099,306	8,461,694	
1895..	852,600	15,463,000	18.13	1,062,899	188,948	1,251,847	3,299,200	413,183	3,712,383		2,460,536	13,002,464	
1896..	862,600	10,880,000	12.61	1,106,600	181,318	1,287,918	3,302,800	339,094	3,642,894		2,354,976	8,525,024	
1897..	1,045,300	13,500,000	12.91	1,593,000	154,050	1,747,050	3,581,700	765,953	4,347,653		2,650,603	10,849,397	
1898..	1,324,000	15,375,000	11.61	1,203,000	73,990	1,276,990	6,518,000	2,269,104	8,787,104		7,510,114	7,864,886	
1899..	1,404,000	17,400,000	12.39	2,210,700	126,087	2,336,787	4,761,200	1,439,323	6,200,523		3,863,736	13,536,264	
1900..	1,709,700	15,124,650	8.84	1,620,900	100,918	1,721,818	6,120,700	1,385,074	7,505,774		5,783,956	9,340,894	5,371,000
1901..	1,631,453	24,111,090	14.80	2,294,100	80,721	2,313,821	5,161,000	2,031,671	7,192,671		4,878,850	19,232,840	
1902..	1,600,751	26,408,125	16.50	2,588,700	90,754	2,676,482	9,933,300	1,973,461	11,906,761		9,230,277	17,177,848	
1903..	1,757,212	22,243,892	12.40	1,578,000	61,417	1,630,417	10,629,200	2,338,712	12,967,912		11,326,495	10,915,397	
1904..	1,792,000	19,660,449	11.00	63,000	77,777	140,777	6,237,600	2,883,240	9,120,840		8,980,063	10,680,386	
1905..	2,008,617	29,275.207	14.60	184,500	78,324	262,824	5,047,100	2,399,919	6,447,019		6,184,195	23,091,012	
1906..	2,466,818	37,083,876	15.00	1,581,600	79,811	1,661,441	11,171,000	2,782,291	13,953,291		12,291,850	24,792,026	
1907..	2,466,769	25,374,132	10.30	2,861,500	61,979	2,923,479	13,267,500	1,983,408	15,250,908		12,827,429	12,546,703	
1908..	2,675,056	30,600,038	11.40	3,135,500	78,378	3,211,878	13,392,300	3,564,532	16,956,632		13,741,054	16,858,061	7,082,000
1909..	3,136,432	45,381,047	14.50	1,315,900	71,274	1,387,174	13,550,900	3,156,432	16,735,352		15,366,168	30,014,879	
1910..	3,761,420	40,521,170	10.90	3,138,307	57,828	3,196,135	12,483,300	5,564,580	18,037,880		14,851,745	25,909,425	
1911..	4,198,133	58,550,005	14.0	1,316,745	111,161	1,427,906	12,490,237	5,537,372	18,027,609		16,599,703	41,940,305	
1912..	4,065,041	51,144,732	12.6										

Superficie totale actuelle.................... 11,425,283 kilomètres carrés.
Densité de la population.............. 0.8 par kilomètre carré.

Superficie... {
totale............. 965,977,118 hectares.
productive......... 25,655,752 hectares, soit 2.7 p. o/o.
improductive....... 940,311,366 hectares, soit 97.3 p. o/o.
des terres labourables.... 8,047,331 hectares, soit 0.83 p. o/o.
des céréales........ 4,665,652 hectares, soit 58 o/o des terres labourables.
}

CHILI.

ANNÉES.	SUPER-FICIE CULTIVÉE.	PRODUC-TION.	RENDEMENT moyen à l'hectare.	IMPORTATIONS.			EXPORTATIONS.			EXCÉDENT		QUANTITÉ DISPONIBLE représentée par la production plus l'importation moins l'exportation.	POPU-LATION.
				BLÉ, en grains.	FARINE convertie, en grains.	TOTAL, en grains.	BLÉ, en grains.	FARINE convertie, en grains.	TOTAL, en grains.	des IMPORTA-TIONS.	des EXPORTA-TIONS.		
1	2	3	4	5	6	7	8	9	10	11	12	13	14
	quintaux.	quintaux.	quintaux	quintaux.	quintaux.	quintaux.	quintaux.	quintaux.	quintaux.	quintaux.	quintaux.	quintaux.	
1880..													
1881..													
1882..													
1883..													
1884..													
1885..													
1886..													
1887..													
1888..		5,440,000		»	»	»							
1889..		5,211,000		»	»	»							
1890..		3,917,000		»	»	»	280,250	(1) 30,000	320,240		320,240	3,596,760	2,712,000
1891..		5,277,000		»	»	»	1,780,480	81,920	1,862,400		1,862,400	3,414,000	
1892..		4,896,000		»	»	»	1,458,020	55,580	1,513,600		1,513,600	3,382,400	
1893..		4,352,000		»	»	»	1,659,630	31,190	1,690,820		1,690,820	2,461,180	
1894..		3,765,000		»	»	»	1,162,350	44,570	1,206,920		1,206,920	2,558,080	
1895..		4,757,000		»	»	»	785,810	55,040	800,850		850,850	3,916,150	
1896..		4,352,000		»	»	»	1,375,650	58,040	1,433,290		1,433,290	2,917,710	
1897..		4,012,000		»	»	»	523,960	76,350	840,290		800,290	3,211,710	
1898..		4,575,000		»	»	»	769,650	86,840	856,490		856,490	4,018,510	
1899..		3,292,000		»	»	»	458,410	101,890	560,300		560,300	2,701,700	3,110,000
1900..		3,292,000		»	»	»	94,410	21,680	116,090		116,090	3,145,910	3,128,000
1901..	319,865	3,749,835	10.7	»	»	»	15,680	10,650	26,330		26,330	3,723,505	3,147,000
1902..	268,021	2,725,395	10.2	»	»	»	251,490	35,380	286,870		286,870	2,438,525	3,174,000
1903..	422,487	4,584,713	11.6	»	»	»	538,640	90,000	628,240		629,240	4,255,473	3,206,000
1904..	389,743	3,289,985	8.4	»	»	»	739,850	1,340,000	2,085,850		2,085,850	1,204,135	3,239,000
1905..	365,000	3,308,614	9.1	»	»	»	86,070	1,160,500	1,246,570		1,246,570	2,062,044	3,245,000
1906..	»	»		»	»	»	2,150	56,600	58,750		58,750		3,258,000
1907..	460,400	5,147,740	11.2	»	»	»	354,320	48,280	402,600		402,600	4,745,140	3,249,400
1908..	556,702	6,011,797	10.8	»	»	»	1,346,490	24,980	1,371,470		1,371,470	4,640,327	3,301,000
1909..	441,789	5,953,527	15.8	»	»	»	1,093,570	91,460	1,185,030		1,185,030	5,778,497	3,330,000
1910..	510,606	6,448,279	12.6	»	»	»							3,353,000
1911..													
1912..													

Superficie totale actuelle.................. 758.206 kilomètres carrés.
Densité de la population.................. 4.3 par kilomètre carré.

Superficie :
- totale............. 75,820,600 hectares.
- productive......... 13,216,010 hectares, soit 17.43 p. o/o.
- improductive....... 62,614,590 hectares, soit 82.57 p. o/o.
- des terres labourables.. 679,716 hectares, soit 0.89 p. o/o.
- des céréales......... 579,857 hectares, soit 85.30 des terres labourables.

[1] Farines de toutes sortes.

ANNÉES	SUPER-FICIE CULTIVÉE	PRODUC-TION	RENDEMENT moyen à l'hectare	IMPORTATIONS			EXPORTATIONS			EXCÉDENT		QUANTITÉS DISPONIBLES représentée par la production plus l'importation moins l'exportation	POPU-LATION
				BLÉ, en grains.	FARINE convertie, en grains.	TOTAL, en grains.	BLÉ, en grains.	FARINE convertie, en grains.	TOTAL, en grains.	des IMPORTA-TIONS.	des EXPORTA-TIONS.		
1	2	3	4	5	6	7	8	9	10	11	12	13	14
	hectares.	quintaux.	quint.	quintaux.	quintaux.	quintaux.	quintaux.	quintaux.	quintaux.	quintaux.	quintaux.	quintaux.	
1880..	15,086,320	135,700,000	7.66	126,228	9,341	134,569	41,792,037	10,880,066	52,672,103		52,537,534	83,167,466	
1881..	15,256,860	104,328,000	6.66	54,709	4,337	59,046	41,059,206	13,567,372	54,626,576		54,367,532	49,960,468	
1882..	14,997,100	137,239,000	8.88	230,888	7,559	235,447	25,980,620	10,707,392	36,688,012		35,419,515	100,790,485	
1883..	14,749,000	114,619,000	7.58	293,330	4,539	297,869	29,011,415	16,662,252	45,673,667		45,375,778	69,213,222	50,156,000
1884..	15,971,800	139,573,000	8.49	6,635	3,276	9,911	19,184,176	16,565,591	35,749,767		35,739,856	103,833,144	
1885..	13,624,900	93,671,000	6.79	55,320	1,624	56,944	22,672,296	13,523,142	36,195,438		36,138,494	90,257,506	
1886..	14,891,500	124,454,000	8.00	101,918	1,650	103,568	15,469,302	10,387,635	25,856,937		25,753,369	98,700,631	
1887..	15,229,600	124,912,000	7.90	74,413	1,287	75,700	27,310,535	14,628,430	41,938,965		41,863,265	82,848,735	
1888..	15,106,000	113,192,000	7.25	156,172	3,377	159,549	17,618,943	15,193,738	32,813,681		32,654,132	80,537,868	
1889..	15,424,600	153,530,000	8.23	34,991	1,470	36,461	12,430,818	11,916,714	24,347,532		24,311,071	109,218,929	
1890..	14,600,200	108,679,000	7.25	42,064	1,550	43,614	14,566,340	15,548,251	30,111,600		30,070,986	78,608,014	62,048,000
1891..	16,150,200	160,536,000	9.99	146,223	10,694	156,917	14,765,658	14,420,231	29,185,889		29,026,972	137,508,028	
1892..	13,595,700	140,441,000	8.75	658,741	780	659,521	42,123,453	19,317,264	61,440,717		60,781,196	79,659,904	
1893..	14,003,000	107,827,000	7.45	258,793	521	259,314	31,367,844	21,126,825	52,494,669		52,235,355	55,591,645	
1894..	14,105,000	125,283,000	8.62	316,317	510	316,827	23,670,721	21,430,874	45,110,595		44,793,768	80,489,232	
1895..	13,767,400	127,145,000	8.95	382,984	2,374	385,358	20,382,130	19,408,942	39,791,072		39,405,714	87,739,286	
1896..	13,999,000	116,415,000	8.00	565,117	1,772	566,889	16,043,547	18,568,497	34,612,044		34,245,155	82,169,845	
1897..	15,969,000	144,305,000	8.75	418,354	4,072	422,426	21,696,563	26,370,876	48,067,459		47,645,013	96,660,987	
1898..	17,825,000	163,795,000	9.90	558,105	4,967	563,072	40,422,565	27,783,597	68,206,062		67,642,990	116,132,010	74,318,000
1899..	18,042,300	148,931,000	8.05	510,249	1,638	511,887	38,023,320	33,459,099	71,482,428		70,970,541	77,983,459	
1900..	17,197,900	142,127,000	8.27	86,437	1,298	87,735	27,801,871	33,845,541	61,647,412		61,559,071	80,567,929	76,085,000
1901..	20,192,413	203,701,146	10.01	163,678	1,162	164,840	36,012,944	33,758,272	69,771,216		69,606,376	134,094,770	77,613,000
1902..	18,697,669	182,504,348	9.80	32,345	760	33,105	42,229,259	32,144,157	74,373,416		74,340,311	108,024,037	79,231,000
1903..	20,017,977	173,589,591	8.70	293,814	1,088	294,902	31,137,273	35,686,836	66,824,109		66,529,207	107,060,384	80,849,000
1904..	17,856,561	150,341,053	8.40	1,869	64,800	57,609	12,061,567	30,768,972	42,830,539		42,743,870	107,565,183	82,466,000
1905..	19,305,067	188,601,298	9.70	846,075	73,850	919,925	1,198,353	25,975,666	27,174,019		16,254,094	172,347,204	84,085,000
1906..	19,144,196	200,108,625	10.05	15,815	82,018	97,833	9,537,216	25,193,477	34,730,693		34,632,860	165,475,765	85,703,000
1907..	18,296,440	172,573,118	9.40	102,381	86,341	188,722	20,880,482	28,208,247	49,088,729		48,900,007	123,673,111	87,321,000
1908..	19,245,843	180,878,060	9.40	93,159	71,663	164,822	27,371,187	25,208,317	62,579,504		62,414,682	118,463,398	88,939,000
1909..	17,911,984	185,980,535	9.40	11,180	165,857	177,037	18,213,830	18,938,089	37,151,919		36,974,882	149,005,654	90,357,000
1910..	18,486,644	172,854,532	9.40	44,689	260,566	305,255	12,704,395	16,273,776	28,978,171		28,672,916	144,181,016	92,027,000
1911..	20,049,557	169,100,554	8.40	138,649	254,847	393,496	6,458,166	18,232,983	24,691,151		24,297,655	144,802,899	
1912..	16,185,792	185,065,800	10.20										

Superficie totale actuelle.................. 7,835,995 kilomètres carr's.
Densité de la population.................... 11.7 par kilomètre carré.

Superficie
{ totale .... 783,599,500 hectares.
{ terres labourables..... 167,742,524 hectares, soit 21.94 o/o.
{ des céréales......... 80,306,000 hectares, soit 47.71 p. o/o des terres labourables.

MEXIQUE.

ANNÉES.	SUPERFICIE CULTIVÉE.	PRODUCTION.	RENDEMENT moyen à l'hectare.	IMPORTATIONS.			EXPORTATIONS.			EXCÉDENT		QUANTITÉ DISPONIBLE représentée par la production plus l'importation moins l'exportation.	POPULATION.
				BLÉ, en grains.	FARINE convertie, en grains.	TOTAL, en grains.	BLÉ, en grains.	FARINE convertie, en grains.	TOTAL, en grains.	des IMPORTATIONS.	des EXPORTATIONS.		
1	2	3	4	5	6	7	8	9	10	11	12	13	14
	hectares.	quintaux.	quint.	quintaux.	quintaux.	quintaux.	quintaux.	quintaux.	quintaux.	quintaux.	quintaux.	quintaux.	
1880..													
1881..													
1882..													
1883..													
1884..													
1885..													
1886..													
1887..													
1888..													
1889..													
1890..													
1891..													
1892..													
1893..													
1894..													
1895..													
1896..													
1897..		2,639,870		18,190	55,400	73,590	"	70	70	73,520	"	2,713,390	
1898..		2,391,861		29,800	37,740	67,540	47,130	45,910	93,379	"	25,839	2,366,022	
1899..		2,527,405		32,550	52,520	85,070	1,033	42	1,075	83,995	"	2,611,190	
1900..		3,382,639		35,950	52,390	88,340	260	5	265	88,075	"	3,470,714	
1901..		3,271,590		35,580	75,450	111,030	"	117,760	117,760	"	6,730	3,264,860	13,607,000
1902..		2,298,927		298,610	"	298,610	"	"	"	298,610	"	2,000,317	
1903..		2,855,514		421,800	"	421,800	"	"	"	421,800	"	3,277,114	
1904..		5,030,718		272,970	"	272,970	"	"	"	272,970	"	776,088	
1905..		5,955,315		52,790	"	52,790	"	"	"	52,790	"	6,008,105	
1906..		3,120,995		"	59,090	59,090	"	"	"	59,090	"	3,180,085	
1907..		"		"	"	"	"	"	"	"	"	"	
1908..		"		"	"	"	"	"	"	"	"	"	15,063,000
1909..		2,574,488		768,500	65,180	833,680	"	265,300	265,300	568,380	"	3,112,838	
1910..		6,413,937		1,403,900	"	1,403,900	"	"	"	1,403,900	"	7,817,837	
1911..		"		"	"	"	"	"	"	"	"	"	
1912..		"		"	"	"	"	"	"	"	"	"	

Superficie totale actuelle.................... 1,987,201 kilomètres carrés.

Densité de la population.................... 7.6 par kilomètre carré.

ANNÉES	SUPER-FICIE CULTIVÉE	PRODUC-TION	RENDEMENT MOYEN à l'hectare	IMPORTATIONS			EXPORTATIONS			EXCÉDENT		QUANTITÉ DISPONIBLE représentée par la production plus l'importation moins l'exportation	POPU-LATION
				BLÉ en grains	FARINE convertie en grains	TOTAL en grains	BLÉ en grains	FARINE convertie en grains	TOTAL en grains	des IMPORTA-TIONS	des EXPORTA-TIONS		
1	2	3	4	5	6	7	8	9	10	11	12	13	14
	quintaux.	quintaux.	quintaux	quintaux.	quintaux.	quintaux.	quintaux.	quintaux.	quintaux.	quintaux.	quintaux.	quintaux.	
1880		8,500,000		185,810	18,089	203,899	11,650	19,249	30,909	170,990		8,670,990	
1881		8,500,000		124,790	28	124,818	1,570	18,404	19,974	104,844		8,604,844	
1882		8,500,000		1,900	»	1,900	17,050	7,850	24,900		23,000	8,477,000	
1883		8,500,000		2,300	»	2,300	607,550	69,269	676,819		674,519	7,925,851	
1884		8,500,000		»	1,073	1,073	1,084,990	53,396	1,138,386		1,136,713	7,363,287	
1885		8,500,000		160	43	203	784,930	106,492	891,422		891,219	7,608,781	
1886		8,500,000		40	200	240	378,050	75,247	453,897		453,657	8,046,343	
1887		8,500,000		420	71	491	2,378,660	77,234	2,455,894		2,455,403	6,044,597	
1888	824,000	6,528,000	7.9	880	171	1,051	1,789,230	91,406	1,880,636		1,879,585	4,648,415	
1889		8,704,000		30,510	872	31,382	228,060	48,062	276,122		244,740	8,459,260	
1890	1,202,200	8,450,000	7.0	13,060	314	13,374	3,278,940	171,857	3,450,797		3,437,423	5,012,600	4,045,000
1891	1,320,000	9,800,000	7.4	2,210	»	2,210	3,955,550	120,314	4,075,864		4,073,654	5,727,390	
1892	1,600,000	15,930,000	9.9	50	71	121	4,701,100	269,540	4,970,640		4,970,519	10,969,500	
1893	1,840,000	22,380,000	12.1	950	»	950	10,081,370	542,270	10,623,640		10,622,690	11,752,300	
1894	2,000,000	16,700,000	8.3	10	200	210	16,082,400	552,839	16,665,329		16,665,119	34,851	
1895	2,260,000	12,630,000	5.6	30	28	58	10,102,690	771,270	10,873,960		10,873,902	1,756,100	
1896	2,500,000	8,000,000	3.4	3,200	71	3,271	5,329,010	739,768	6,059,778		6,056,507	2,543,500	
1897	2,600,000	14,530,000	5.6	144,060	5,091	149,151	1,018,450	592,634	1,611,084		1,461,933	13,068,100	
1898	3,200,000	28,570,000	8.9	3,680	1,587	5,267	6,451,610	455,641	6,908,251		6,902,984	21,667,000	
1899	3,250,000	27,560,000	8.5	»	2,631	2,631	17,131,290	850,335	17,984,625		17,981,994	9,578,000	4,400,000
1900	3,380,000	20,544,000	6.0	»	243	243	19,295,576	732,203	20,027,779		20,027,536	516,500	4,512,000
1901	3,296,065	15,344,050	4.7	»	715	715	9,042,890	1,025,910	10,068,800		10,068,085	5,276,050	4,625,000
1902	3,695,345	28,938,530	7.6	»	5	5	6,449,080	558,272	7,007,352		7,007,347	21,931,183	4,742,000
1903	4,820,000	35,291,000	8.2	»	»	»	16,813,270	1,029,314	17,842,584		17,842,584	17,448,416	4,860,000
1904	4,903,124	41,026,000	8.4	»	»	»	23,017,240	1,534,361	24,581,601		24,581,601	16,444,399	4,982,000
1905	5,675,293	36,722,310	6.5	»	»	»	28,682,810	2,070,068	30,752,878		30,752,878	5,969,432	5,105,878
1906	5,592,268	42,454,340	7.5	»	»	»	22,479,880	1,841,700	24,325,580		24,325,580	18,128,760	5,375,000
1907	5,759,987	52,387,050	9.1	»	»	»	26,808,020	1,823,000	28,631,000		28,631,000	23,756,050	5,546,000
1908	6,063,100	42,300,860	7.0	»	»	»	36,362,940	1,823,000	37,985,940		37,985,940	4,514,920	5,713,000
1909	5,836,550	35,655,560	6.1	»	»	»	25,141,130	1,666,000	26,807,330		26,807,330	8,848,230	5,884,000
1910	6,253,180	39,730,000	6.4	»	»	»	18,835,920	1,650,200	20,516,120		20,586,120	19,143,880	
1911	4,953,000	37,100,000	7.5										
1912	6,897,000	46,420,000	6.7										

Superficie totale actuelle................... 2,952,550 kilomètres carrés.
Densité de la population.............. 2.4 par kilomètre carré.

Superficie...........
    totale .... 295,255,100 hectares.
    productive .... 217,647,000 hectares, soit 73.7 p. o/o.
    improductive .... 77,608,100 hectares, soit 26.3 p. o/o.
    des terres labourables.. 17,987,094 hectares, soit 6.10 p. o/o.
    des céréales .... 9,321,096 hectares, soit 52.9 p. o/o des terres labourables.

PÉROU.

ANNÉES.	SUPER-FICIE CULTIVÉE.	PRODUC-TION.	RENDEMENT MOYEN à l'hectare.	IMPORTATIONS.			EXPORTATIONS.			EXCÉDENT		QUANTITÉ DISPONIBLE représentée par la production plus l'importation moins l'exportation.	POPU-LATION.
				BLÉ, en grains.	FARINE convertie, en grains.	TOTAL, en grains.	BLÉ, en grains.	FARINE convertie, en grains.	TOTAL, en grains.	des IMPORTA-TIONS.	des EXPORTA-TIONS.		
1	2	3	4	5	6	7	8	9	10	11	12	13	14
	quintaux.	quintaux.	quintaux.	quintaux.	quintaux.	quintaux.	quintaux.	quintaux.	quintaux.	quintaux.	quintaux.	quintaux.	
1880..													
1881..													
1882..													
1883..													
1884..													
1885 .													
1886..													
1887..													
1888..													
1889..													
1890..													
1891..													
1892..													
1893..													
1894..													
1895..													
1896..													
1897..													
1898..													
1899..													
1900..													
1901..													
1902..				347,270	(1) 3,847								
1903..				414,300	14,902								
1904..				417,460	30,549								
1905..				475,570	27,060								
1906..				532,110	25,070								
1907..				481,430	24,130								
1908..		1,500,000		502,010	23,750								
1909..	50,000	780,000	9.7	538,130	27,940								4,560,000
1910..	75,000	1,500,000	20.0										
1911..													
1912..													

Superficie totale actuelle.................... 1.769,804 kilomètres carrés..

Densité de la population.................... 2.6 par kilomètre carré.

(1) Farines de toutes sortes.

ANNÉES	SUPERFICIE CULTIVÉE.	PRODUCTION.	RENDEMENT MOYEN à l'hectare.	IMPORTATIONS. Blé, en grains.	Farine convertie, en grains.	TOTAL, en grains.	EXPORTATIONS. Blé, en grains.	Farine convertie, en grains.	TOTAL, en grains.	EXCÉDENT des IMPORTATIONS.	des EXPORTATIONS.	QUANTITÉ DISPONIBLE représentée par la production plus l'importation moins l'exportation.	POPULATION.
1	2	3	4	5	6	7	8	9	10	11	12	13	14
	quintaux.	quintaux.	quintaux	quintaux.	quintaux.	quintaux.	quintaux.	quintaux.	quintaux.	quintaux.	quintaux.	quintaux.	
1880..													
1881..													
1882..													
1883..		850,000		12,120	"	12,120	750	"	750	11,370		861,370	
1884..		850,000		4,160	"	4,160	800	"	800	3,360		853,360	
1885..		850,000		181	494	675	20,099	29,863	149,962		149,287	700,713	
1886..		850,000		13,308	410	14,718	34,597	55,444	290,041		270,323	573,677	
1887..		850,000		2	151	153	26,492	180,397	206,889		206,736	641,264	
1888..	"	810,000		2	13	15	101,476	264,363	365,859		365,844	450,156	
1889..	"	544,000		370,782	53,129	423,913	19,323	1,875	20,198	403,715		947,715	
1890..	"	1,088,000		198,669	46,034	245,703	182,535	8,332	190,867	64,836		1,152,836	
1891..	"	979,000		13,035	8,240	21,275	50	11,552	11,592	9,683		988,683	
1892..	159,216	905,302	5.7	11,376	2,323	13,699	11	3,204	3,215	10,484		915,786	
1893..	207,392	1,567,575	7.5	7,187	164	7,351	58,980	221,229	280,209		272,858	1,294,000	
1894..	203,796	2,450,760	12.0	238	87	325	1,107,535	715,221	1,822,756		1,822,431	628,338	
1895..	"	2,720,000	"	316	37	353	999,646	480,565	1,470,234		1,469,881	1,250,119	
1896..	"	2,176,000	"	75	30	78	63,906	366,291	430,197		430,119	1,745,881	
1897..	"	2,500,000	"	4,360	30	4,390	125,490	163,630	289,120		284,730	2,215,270	
1898..	"	2,500,000	"	300	60	360	772,310	161,373	933,683		933,323	1,566,677	
1899..	274,446	3,262,000	11.9	"	37	37	626,730	294,657	921,387		921,350	2,340,650	893,000
1900..	377,766	4,350,000	11.5	"	37	37	398,720	258,979	657,699		657,662	3,692,838	936,000
1901..	292,616	2,005,357	7.1	42,380	322	42,702	2,480	2,499	4,979	37,723		2,107,090	905,000
1902..	265,638	1,426,115	5.4	990	59	1,049	557,990	118,151	676,141		675,092	751,023	990,000
1903..		1,600,000	"	1,130	116	1,246	90,050	10,110	100,160		98,914	1,701,086	1,010,000
1904..	260,770	2,055,880	7.9	10	117	127	58,950	39,788	98,068		98,561	1,960,319	1,038,000
1905..	265,468	1,253,442	4.3	180	126	306	540,420	70,584	611,014		610,698	642,744	1,071,000
1906..	252,258	1,868,844	7.4	2,870	172	3,042	2,640	7,384	10,024		6,982	1,861,862	1,103,000
1907..	247,600	2,022,080	8.2	14	110	124	501,766	93,053	506,819		505,695	1,425,385	1,141,000
1908..	276,787	2,330,100	8.5	30	82	112	501,766	95,149	596,915		596,803	1,742,297	1,042,000
1909..	"	1,591,550	6.9	"	"	"	719,099	122,466	842,165		842,165	1,049,385	1,095,000
1910..	257,600	1,025,435	6.3	"	"	"	39,266	125,928	165,194		165,194	1,460,244	
1911..													
1912..													

Superficie totale actuelle................... 186.925 kilomètres carrés.

Densité de la population.................... 5.6 par kilomètre carré.

AUSTRALIE.

ANNÉES.	SUPERFICIE CULTIVÉE.	PRODUCTION.	RENDEMENT MOYEN à l'hectare.	IMPORTATIONS.			EXPORTATIONS.			EXCÉDENT		QUANTITÉ DISPONIBLE représentée par la production plus l'importation moins l'exportation.	POPULATION.
				BLÉ, en grains.	FARINE convertie, en grains.	TOTAL, en grains.	BLÉ, en grains.	FARINE convertie, en grains.	TOTAL, en grains.	des IMPORTATIONS.	des EXPORTATIONS.		
1	2	3	4	5	6	7	8	9	10	11	12	13	14
	quintaux.	quintaux.	quintaux.	quintaux.	quintaux.	quintaux.	quintaux.	quintaux.	quintaux.	quintaux.	quintaux.	quintaux.	
1880..	1,366,861	8,582,000	6.5										
1881..	1,362,905	8,095,000	6.1										
1882..	1,402,414	8,045,000	6.4										
1883..	1,406,565	12,395,000	8.3										
1884..	1,481,018	10,107,000	6.8										
1885..	1,306,342	7,165,930	5.5	240,811	1,336,754	1,577,565	3,474,181	1,685,921	5,160,102		3,582,537	3,583,393	
1886..	1,347,607	8,784,918	6.5	445,654	1,477,211	1,922,865	706,843	1,462,916	2,169,759		246,894	8,538,054	
1887..	1,656,693	5,026,800	3.0	207,610	1,746,110	1,953,720	1,299,362	1,937,237	3,236,599		1,282,879	3,743,921	
1888..	1,569,039	6,745,000	4.3	522,409	1,648,701	2,171,110	3,699,464	1,863,234	5,532,698		3,391,588	3,353,412	
1889..	1,566,290	10,576,000	6.7	920,414	1,624,504	2,544,918	1,176,820	1,595,000	2,771,820		226,914	10,349,089	
1890..	1,431,425	8,748,000	6.1	248,400	1,470,701	1,719,101	3,540,620	1,818,825	5,359,445		3,640,344	5,107,656	
1891..	1,512,650	9,881,000	6.5	2,529,061	1,433,521	3,962,582	2,123,707	952,832	3,076,539	886,342		10,770,343	3,174,000
1892..	1,547,110	11,928,000	7.2	2,420,109	1,259,201	3,679,310	2,158,881	241,432	3,100,313	578,997		11,806,997	
1893..	1,685,775	11,045,000	6.5	2,571,270	900,805	3,472,075	3,247,496	626,450	3,873,946		401,371	10,643,629	
1894..	1,557,706	8,626,000	5.5	2,650,256	994,547	3,644,803	3,318,475	804,230	4,122,705		477,902	8,148,098	
1895..	1,530,034	6,644,066	4.3	(1)									
1896..	1,800,057	6,093,000	3.4	(1)									
1897..	1,891,421	6,450,900	3.4	(1)									
1898..	2,384,950	9,750,000	4.0	(1)									
1899..	2,386,012	15,225,000	6.4	76,960	210,600	285,560	3,016,000	339,100	3,355,100		3,069,540	18,294,540	
1900..	2,377,431	15,225,000	6.2	28,170	63,520	91,690	2,964,000	1,022,800	3,986,800		3,895,110	19,120,119	
1901..	2,070,320	10,494,930	5.1	6,250	87,940	24,290	3,514,000	1,405,800	6,920,800		6,896,660	17,321,530	3,773,000
1902..	2,086,550	3,305,815	1.6	47,045	160,550	208,795	2,449,000	482,100	2,931,100		2,722,305	6,091,120	
1903..	2,232,586	20,180,364	9.0	2,480,000	1,015,000	3,495,600	416,500	1,169,400	1,585,900	1,909,100		22,059,064	
1904..	2,537,251	14,812,464	5.8	168	13,910	17,078	9,072,000	1,524,000	10,596,000		10,578,922	4,263,462	
1905..	2,477,753	18,046,613	7.5	70	26,140	16,210	6,706,000	2,242,800	8,948,800		8,932,590	9,716,023	
1906..	2,420,871	18,077,237	7.5	202	12,730	12,932	5,235,000	2,423,200	10,059,200		10,046,268	7,430,959	
1907..	2,178,761	12,153,488	5.6	547	5,410	5,957	7,822,000	2,374,000	10,196,000		10,190,043	1,963,445	
1908..	2,199,618	17,034,765	8.0	38	2,580	2,618	4,069,000	1,697,000	5,786,000		5,783,382	11,251,383	
1909..	2,655,318	24,606,965	9.2	34	1,160	1,194	8,584,000	1,887,000	10,471,000		10,469,806	14,137,159	
1910..	2,988,465	25,855,977	8.7	58	2,499	2,587	1,299,800	2,032,500	3,332,300		3,329,713	22,555,964	
1911..	2,981,000	25,855,000	8.7										4,449,000
1912..	2,910,000	20,508,000	7.0										

Superficie totale actuelle.................... 7,704,372 kilomètres carrés.
Densité de la population .... 0.6 par kilomètre carré.

Superficie .... { totale .... 770,527,200 hectares.
{ des terres labourables . 3,785,990 hectares, soit 4.91 p. o/o.
{ des céréales .... 2,594,819 hectares, soit 68.54 p. o/o des terres labourables.

(1) De 1895 à 1899, les statistiques sont publiées par États, il n'a pas été possible de faire le calcul des exportations et des importations du Commonwealth.

ANNÉES.	SUPER-FICIE CULTIVÉE.	PRODUC-TION.	RENDEMENT MOYEN à l'hectare.	IMPORTATIONS.			EXPORTATIONS.			EXCÉDENT		QUANTITÉ DISPONIBLE représentée par la production plus l'importation moins l'exportation.	POPU-LATION.
				BLÉ, en grains.	FARINE convertie, en grains.	TOTAL, en grains.	BLÉ, en grains.	FARINE convertie, en grains.	TOTAL, en grains.	des IMPORTA-TIONS.	des EXPORTA-TIONS.		
1	2	3	4	5	6	7	8	9	10	11	12	13	14
	quintaux.	quintaux.	quintaux	quintaux.	quintaux.	quintaux.	quintaux.	quintaux.	quintaux.	quintaux.	quintaux.	quintaux.	
1880..	131,510	2,221,680	16.8	»	»	»	843,800	»	843,800		843,800	843,800	1,377,880
1881..	148,080	2,825,750	19.1	»	»	»	1,023,800	»	1,023,800		1,023,800	1,023,800	1,201,950
1882..	161,100	2,279,500	14.1	»	»	»	867,410	»	867,410		867,410	867,410	1,412,090
1883..	152,900	2,267,400	14.8	»	»	»	1,332,400	»	1,332,400		1,332,400	1,332,400	935,000
1884..	109,500	1,866,800	17.0	»	»	»	736,420	»	736,420		736,420	736,420	1,130,350
1885..	70,400	1,154,000	16.4	»	»	»	369,900	»	369,900		369,900	369,900	784,100
1886..	102,420	1,713,000	16.7	»	»	»	340,500	»	340,500		340,500	340,500	1,372,500
1887..	144,640	2,564,600	17.7	»	»	»	171,550	»	171,550		171,550	171,550	2,393,250
1888..	146,600	2,386,500	16.3	»	»	»	627,800	»	627,800		627,800	627,800	1,758,700
1889..	136,400	2,299,200	16.8	»	»	»	733,200	»	733,200		733,200	733,200	1,566,000
1890..	122,060	1,557,800	12.7	»	»	»	1,215,800	»	1,215,800		1,215,800	1,215,800	342,000
1891..	163,010	2,792,600	17.9	»	»	»	395,750	»	395,750		395,750	395,750	2,396,850	627,000
1892..	154,300	2,280,000	14.8	»	»	»	669,400	»	669,400		669,400	669,400	1,610,600
1893..	98,260	1,531,000	13.5	»	»	»	712,800	»	712,800		712,800	712,800	818,200
1894..	60,160	982,900	16.3	»	»	»	622,850	»	622,850		622,850	622,850	360,000
1895..	99,380	1,862,500	18.7	»	»	»	3,963	»	3,963		3,963	3,963	1,858,537
1896..	114,000	1,612,400	14.1	»	»	»	123,300	»	123,300		123,300	123,300	1,489,110
1897..	140,060	1,543,000	11.5	»	»	»	196,400	»	196,400		196,400	196,400	1,346,600
1898..	161,920	3,557,600	21.8	»	»	»	2,960	»	2,960		2,960	2,960	3,554,610
1899..	109,460	2,355,000	21.5	»	»	»	789,200	»	789,200		789,200	789,200	1,545,500
1900..	84,250	1,775,800	21.1	»	»	»	780,200	»	780,200		780,200	780,200	995,000
1901..	66,150	1,101,320	16.6	»	»	»	626,200	»	626,200		626,200	626,200	475,120	773,000
1902..	78,652	2,029,746	25.8	»	»	»	52,980	»	52,980		52,980	52,980	1,976,766
1903..	93,216	2,147,793	23.0	»	»	»	19,510	»	19,510		19,510	19,510	2,128,283
1904..	104,414	2,483,099	23.8	»	»	»	221,350	»	221,350		221,350	221,350	2,261,749
1905..	89,913	1,856,398	20.6	»	»	»	263,240	»	263,240		263,240	263,240	1,587,158
1906..	83,439	1,525,525	18.3	»	»	»	16,640	»	16,640		16,640	16,640	1,508,885
1907..	78,116	1,515,153	19.4	»	»	»	370	»	370		370	370	1,514,783
1908..	102,138	2,387,603	23.4	»	»	»	370	»	370		370	370	2,387,233
1909..	125,855	2,390,408	19.0	»	»	»	386,250	»	386,250		386,250	386,250	2,004,158
1910..	130,121	2,251,832	17.3	»	»	»	352,200	»	352,200		352,200	352,200	1,899,632
1911..	130,375	2,256,267	17.3	»	»	»								1,008,000
1912..	87,215	2,154,285	24.7	»	»	»							

Superficie totale actuelle.................... 270,585 kilomètres carrés.
Densité de la population.................... 3.7 par kilomètre carré.

Superficie..........
- totale.............. 27,058,525 hectares.
- productive.......... 17,943,198 hectares, soit 66.31 p. o/o.
- improductive........ 9,115,627 hectares, soit 33.69 p. o/o.
- des terres labourables.. 2,719,355 hectares, soit 10.05 p. o/o.
- des céréales........ 300,419 hectares, soit 11.09 p. o/o des terres labourables.

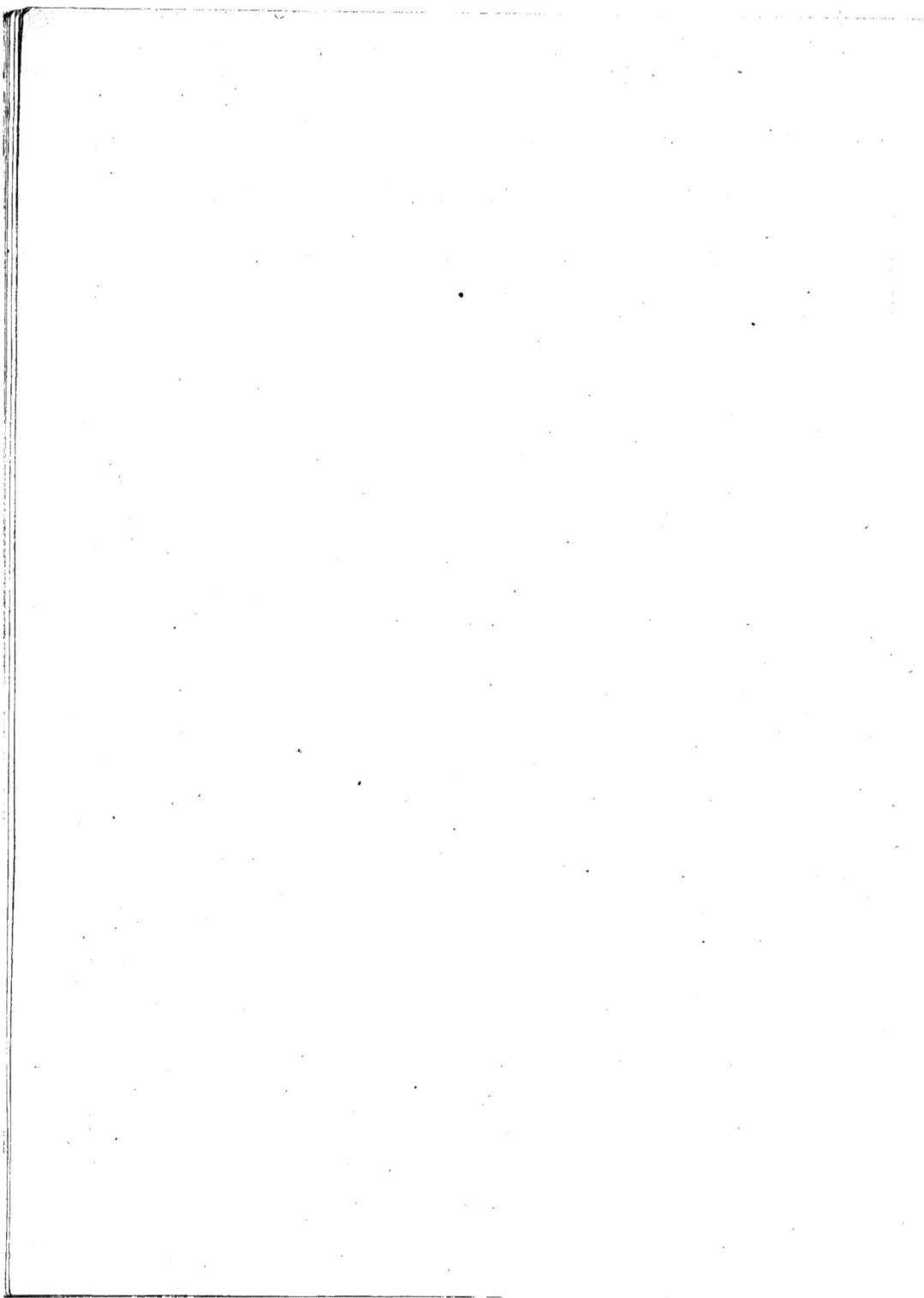

IIe PARTIE.

TABLEAUX RÉCAPITULATIFS POUR LE MONDE ENTIER.

ANNÉES.	ALLEMAGNE.	AUTRICHE-HONGRIE.	BELGIQUE.	BULGARIE.	DANEMARK.	ESPAGNE.	FRANCE.	GRANDE-BRETAGNE et IRLANDE.	GRÈCE.	ITALIE.	NORVÈGE.	PAYS-BAS.	PORTUGAL.	ROUMANIE.	RUSSIE D'EUROPE D'ASIE.	SERBIE.	SUÈDE.
1	2	3	4	5	6	7	8	9	10	11	12	13	14	15	16	17	18
	quintaux.	quintaux.	quintaux.	quintaux.	quintaux.	quintaux.	quintaux.	quintaux.	quintaux.	quintaux.	quintaux.	quintaux.	quintaux.	quintaux.	quintaux.	quintaux.	quintaux.
1880.	23,453,000	35,205,600	5,005,400		1,388,600	20,000,000	75,504,773	20,673,754		30,024,000	41,200	1,556,940	1,800,000		190,500,000		931,7
1881.	20,501,000	31,303,751	4,203,140		755,300	20,000,000	75,676,355	19,010,807		27,108,270	37,110	1,210,547	1,800,000		190,500,000		635,5
1882.	25,534,000	36,490,556	4,395,000		1,217,100	20,000,000	93,482,740	22,316,417		40,887,157	53,200	1,442,000	1,800,000		190,500,000		936,0
1883.	23,500,000	33,916,033	4,575,000		1,227,100	20,000,000	79,261,591	20,976,585		31,525,000	45,000	1,492,000	1,800,000		190,500,000		803,0
1884.	24,789,000	39,835,000	4,535,000		1,278,600	20,000,000	88,234,081	23,267,400		33,895,000	51,920	1,502,000	1,800,000		288,562,000		906,7
1885.	25,993,000	43,507,500	4,720,000	7,500,000	1,395,100	20,000,000	83,181,107	22,581,000		32,170,000	60,000	1,678,000	1,800,000		172,378,200		1,050,7
1886.	26,664,000	41,528,000	4,700,000	7,200,000	1,263,700	20,200,000	82,357,588	17,903,400		32,930,000	57,210	1,388,000	1,800,000		155,103,100		1,002,2
1887.	28,308,000	35,016,000	4,682,000	6,950,000	1,457,400	19,700,000	87,054,682	21,613,800		34,998,000	66,000	1,826,000	1,800,000		152,800,000		1,155,0
1888.	25,208,000	32,805,000	4,235,000	8,225,000	895,200	18,705,000	74,069,602	21,122,800	1,560,000	30,164,000	60,480	1,590,000	1,871,000	10,259,000	101,002,000	2,286,000	1,035,5
1889.	23,784,000	37,205,000	5,380,000	6,800,000	1,142,200	29,563,320	83,230,671	21,512,400	1,458,000	29,015,000	57,480	1,715,000	2,243,000	13,743,000	103,886,000	2,193,000	1,096,5
1890.	25,300,000	54,139,000	6,113,000	6,735,000	1,027,700	21,414,120	89,733,991	21,543,600	1,875,000	36,130,000	75,850	1,438,000	2,320,000	14,748,000	103,552,000	1,901,000	1,086,9
1891.	23,338,000	50,780,000	4,653,000	10,456,000	1,136,100	20,228,520	58,508,807	21,192,600	1,497,000	38,885,000	71,900	910,000	1,711,000	13,328,000	80,776,000	2,176,000	1,163,8
1892.	31,629,000	51,564,000	5,329,000	11,015,000	1,150,600	23,329,800	84,567,242	17,230,200	1,006,000	31,798,000	71,900	1,426,000	1,893,000	19,829,000	123,048,000	3,025,000	1,169,8
1893.	29,948,000	57,552,000	4,750,000	9,009,000	1,050,400	27,009,000	75,592,225	14,437,800	1,901,000	37,170,000	69,470	1,353,000	1,632,000	16,697,000	152,836,000	2,370,824	1,039,7
1894.	30,123,000	51,909,000	4,512,000	7,072,000	888,300	29,841,970	93,671,456	17,211,600	1,202,000	33,423,000	72,100	1,102,000	1,523,000	11,081,000	151,201,000	2,176,070	1,160,8
1895.	28,076,000	57,734,000	5,148,000	8,704,000	941,000	24,332,670	92,423,696	10,857,600	1,088,000	32,369,000	60,160	1,143,000	1,850,000	18,929,000	139,888,000	2,393,000	981,0
1896.	30,684,000	55,241,000	5,193,000	10,580,000	1,011,400	19,761,250	92,606,743	16,512,600	1,306,000	39,920,000	76,300	1,380,000	1,523,000	19,569,000	127,920,000	2,176,070	1,293,2
1897.	29,133,000	33,125,000	3,289,000	7,875,000	951,457	25,283,000	65,924,096	15,958,800	637,000	23,801,000	75,300	1,143,000	1,875,000	10,010,000	182,300,000	3,644,570	1,283,4
1898.	36,076,000	50,746,000	3,867,000	9,251,000	847,534	34,047,000	99,312,290	21,230,000	900,000	37,752,000	72,150	1,334,000	2,250,000	16,068,000	129,000,000	2,613,519	1,235,7
1899.	38,471,000	54,570,000	2,971,000	5,857,000	1,071,007	26,592,000	93,450,800	19,066,400	1,631,000	37,908,000	60,180	1,381,000	1,087,000	7,104,000	138,962,000	3,185,878	1,251,0
1900.	38,412,000	52,571,000	3,752,000	10,875,000	1,092,488	27,405,791	88,598,000	14,784,057	1,631,000	36,761,400	58,390	1,211,050	1,087,000	13,631,800	136,875,000	2,214,070	1,397,6
1901.	24,058,510	47,622,304	3,819,032	8,700,000	266,585	37,239,456	84,617,540	14,676,728	1,413,000	35,240,000	86,651	1,133,160	1,305,000	19,499,700	116,122,739	2,265,957	1,159,5
1902.	30,003,950	63,291,534	3,952,090	10,875,000	1,233,530	36,339,015	89,210,038	15,850,798	1,631,000	37,440,000	71,917	1,367,210	1,631,000	21,514,780	165,298,615	3,101,922	1,230,4
1903.	35,550,040	60,641,786	3,361,067	9,675,405	1,214,472	35,102,434	98,784,618	13,286,301	1,500,000	50,700,000	83,383	1,140,000	1,600,000	20,501,970	169,133,151	2,962,501	1,502,7
1904.	38,048,280	54,609,052	3,760,332	11,496,405	1,165,863	25,957,347	81,549,339	10,320,078	1,500,000	46,077,902	57,512	1,184,810	1,600,000	15,102,850	181,159,739	3,177,734	1,393,8
1905.	36,908,820	61,268,313	3,374,980	9,511,638	1,107,496	25,175,503	91,128,925	16,419,564	1,500,000	44,117,751	89,277	1,298,810	1,600,000	28,511,180	173,168,111	3,061,913	1,519,7
1906.	39,395,630	72,397,403	3,528,088	10,943,710	1,133,127	35,280,377	89,457,681	16,497,612	1,500,000	48,501,627	82,270	1,323,920	1,600,000	30,561,500	147,911,016	3,565,133	1,651,2
1907.	34,793,210	49,817,557	4,309,500	6,407,956	1,182,559	27,305,739	103,753,000	15,385,275	1,500,000	58,801,351	78,756	1,925,760	1,600,000	11,618,100	155,283,518	2,279,359	1,659,5
1908.	37,677,650	61,930,320	3,044,901	9,032,513	1,175,702	32,650,581	86,186,030	15,117,506	1,500,000	31,815,906	89,551	1,371,010	1,600,000	15,108,010	170,831,019	3,128,412	1,907,1
1909.	37,357,470	49,935,838	3,974,430	8,728,359	1,012,690	30,218,885	97,752,200	17,485,982	1,500,000	51,813,000	85,000	1,113,611	1,600,000	16,022,310	230,288,087	3,388,873	1,880,7
1910.	38,614,700	64,070,577	3,888,000	11,497,082	1,238,187	37,407,517	68,806,100	15,839,127	1,500,000	41,750,000	79,707	1,173,611	1,600,000	20,273,841	227,587,212	3,480,059	2,050,0
1911.	40,663,350	67,805,628	3,978,000	19,506,928	1,216,157	40,414,186	87,727,100	24,056,150		52,362,000	93,171	1,514,826		26,033,361	138,663,935	3,167,194	2,230,3
1912.			4,102,500	17,350,000	1,057,863	30,594,820	91,182,600	25,234,700			79,102	1,254,150		21,335,000	201,100,531		

(1) Pour permettre la comparaison des tableaux récapitulatifs concernant les superficies cultivées, la production et les disponibilités en blé dans le monde, on y a fait figurer r

SUISSE.	TURQUIE.	CANADA.	ÉTATS-UNIS.	MEXIQUE.	INDES BRITANNIQUES.	JAPON.	ALGÉRIE.	ÉGYPTE.	TUNISIE.	LE CAP.	RÉPUBLIQUE ARGENTINE.	CHILI.	PÉROU.	URUGUAY.	AUSTRALIE.	NOUVELLE-ZÉLANDE.	TOTAL.
19	20	21	22	23	24	25	26	27	28	29	30	31	32	33	34	35	36
quintaux.	quintaux.	quintaux.	quintaux.	quintaux.	quintaux.	quintaux.	quintaux.	quintaux.	quintaux.	quintaux.	quintaux.	quintaux.	quintaux.	quintaux.	quintaux.	quintaux.	quintaux.
750,000	"	8,500,000	155,700,000	"		6,146,000	6,530,318	5,500,000		750,000	8,500,000		"	"	8,582,000	2,321,680	500,185,021
750,000	"	8,801,419	104,328,000	"		2,810,000	4,210,043	5,500,000		750,000	8,500,000		"	"	8,095,000	2,825,750	524,845,361
750,000	"	11,043,000	137,230,000	"		3,452,000	6,580,853	5,500,000		750,000	8,500,000		"	"	8,515,000	2,270,500	633,864,499
750,000	"	7,104,000	114,619,000	"		3,320,000	6,435,437	5,500,000		750,000	8,500,000		"	850,600	12,805,000	2,267,400	572,219,746
750,000	"	11,296,000	139,573,000	"	68,598,348	3,796,000	6,482,609	5,500,000		750,000	8,500,000		"	850,000	10,167,000	1,896,800	758,239,477
750,000	"	10,250,000	93,871,000	"	61,531,851	3,863,000	6,613,807	5,500,000		750,000	8,500,000		"	850,000	7,105,930	1,154,900	642,317,898
750,000	"	9,086,000	124,454,000	"	70,404,470	4,476,000	6,664,007	5,500,000		750,000	8,500,000		"	850,000	8,784,948	1,713,000	616,272,603
750,000	"	8,822,300	124,212,000	"	65,026,599	4,237,000	5,778,832	5,587,000		974,000	8,500,000		"	850,000	5,026,800	2,304,800	650,091,213
761,000	8,230,000	8,970,000	113,192,000	"	72,004,000	4,809,000	5,479,904	5,842,000		1,037,000	6,528,000	5,440,000		816,000	6,745,000	2,386,500	664,526,677
853,000	8,978,000	8,432,000	133,530,000	"	58,099,000	4,486,000	5,247,052	7,500,000		981,200	6,704,000	5,211,000		544,000	10,576,000	2,399,200	620,407,122
816,000	7,481,000	10,475,000	108,679,500	"	61,363,000	3,419,000	7,736,886	7,500,000		530,650	8,359,000	3,917,000		1,088,000	8,748,000	1,557,800	624,977,167
707,000	8,160,000	15,100,000	166,536,000	"	74,811,000	4,972,000	7,126,138	7,500,000		742,100	9,300,000	5,277,000		979,000	9,884,000	2,792,600	653,303,585
870,000	6,528,000	13,101,000	140,441,000	"	55,206,000	4,283,000	5,337,410	7,500,000		1,060,000	15,530,000	4,896,000		903,302	11,226,000	2,280,000	682,839,260
970,000	7,616,000	11,216,000	107,827,000	"	71,384,000	4,553,000	5,517,725	7,500,000		1,060,000	22,380,000	4,352,000		1,567,578	11,045,000	1,331,000	695,805,832
1,284,000	6,903,000	11,561,000	125,263,000	"	73,853,000	3,525,000	5,447,580	5,000,000		842,600	15,700,000	3,765,000		2,150,769	8,026,000	982,900	713,753,215
1,523,000	9,248,000	13,163,000	127,145,000	"	71,113,000	5,533,000	7,071,021	6,000,000	1,730,609	676,000	12,530,080	4,787,000		2,720,000	6,644,900	1,862,300	699,807,556
1,305,900	9,792,000	10,880,000	116,415,000	"	54,667,000	4,948,000	6,236,533	7,500,000	873,040	595,200	8,600,000	4,352,000		2,176,000	6,093,000	1,612,400	662,532,776
1,087,000	9,000,000	13,500,000	144,306,000	2,639,670	54,491,000	5,308,000	5,413,387	7,500,000	837,191	573,000	11,530,000	4,012,000		2,509,000	6,450,400	1,513,000	630,168,120
1,275,000	12,000,000	15,375,000	183,795,000	2,301,561	73,241,000	3,824,000	7,879,314	7,500,000	1,139,075	532,810	28,570,000	4,875,000		2,500,000	9,750,800	3,557,900	806,539,736
1,087,000	6,525,000	17,400,000	148,931,000	2,527,495	60,475,000	5,767,000	6,064,073	7,500,000	1,029,532	599,250	27,660,000	3,262,000		3,202,000	15,225,000	2,353,900	760,422,695
1,087,000	8,700,000	15,124,650	142,127,000	3,382,630	54,431,000	5,720,000	6,142,730	8,000,000	1,373,534	550,000	20,341,000	3,202,000		4,350,000	15,225,090	1,775,800	729,118,851
1,087,000	5,700,000	24,111,690	203,701,140	3,271,500	72,073,589	5,901,758	8,775,469	8,000,000	1,248,435	550,000	15,314,050	4,719,885		2,000,367	10,494,935	1,101,320	780,683,328
1,087,000	10,875,000	26,406,125	152,361,318	2,296,927	61,882,589	5,338,571	9,225,118	8,000,000	1,163,387	550,000	26,238,530	2,725,395		1,426,115	3,805,815	2,020,740	830,773,786
1,000,000	9,000,000	22,243,892	173,589,591	2,855,614	80,993,638	2,837,774	9,273,279	8,000,000	1,120,752	550,000	35,291,000	4,881,713		1,800,000	20,189,551	2,147,793	822,403,030
1,000,000	9,000,000	19,660,449	150,341,053	5,030,718	97,955,565	5,209,638	6,945,647	6,000,000	2,372,586	465,200	41,026,000	5,289,983		2,059,880	14,812,802	2,483,000	818,144,738
1,000,000	8,000,000	29,275,207	158,001,295	5,955,395	77,057,090	4,802,000	6,964,551	5,000,000	1,107,000	480,000	36,722,510	5,308,014		1,253,442	18,648,613	1,550,398	892,715,703
1,000,000	8,000,000	37,053,876	200,108,623	3,120,993	87,076,030	5,310,058	9,431,077	5,500,000	1,353,000	490,000	42,484,310	4,008,000		1,808,871	18,077,237	1,525,525	937,732,870
1,000,000	7,000,000	25,374,132	172,573,118	3,000,000	82,279,663	6,011,639	5,507,801	5,500,000	1,780,000	695,000	52,387,030	5,117,749		2,022,980	22,135,433	1,315,153	857,447,090
950,000	7,000,000	30,600,038	180,678,080	3,000,000	62,233,895	5,936,801	6,003,843	8,500,000	1,000,000	505,000	42,500,860	6,011,797	1,500,000	2,339,100	17,034,765	2,387,609	866,101,125
971,000	7,000,000	45,351,017	185,980,536	2,574,458	77,015,580	6,055,570	9,722,150	9,273,539	1,750,000	595,000	35,653,560	6,903,527	780,000	1,897,550	23,606,005	2,396,408	981,593,446
750,000	6,580,311	40,821,170	172,853,532	6,413,937	97,551,904	6,457,693	9,763,372	8,878,500	1,100,000	638,200	30,730,000	6,448,279	1,500,000	1,025,438	25,585,077	2,251,532	979,966,591
959,200		58,546,005	199,100,551		102,016,199	6,763,284	9,959,034	10,354,500	2,350,000		57,100,000				25,585,000	2,256,207	
857,000		51,144,732	185,065,800		99,562,179	6,655,000	7,395,012	7,878,501	1,150,000		46,420,000				20,508,000	2,154,285	

italique des évaluations pour les surfaces ou quantités qu'il n'a pas été possible de recueillir dans des statistiques officielles.

TABLEAU DES EXCÉDENTS DES IMPORTATIONS SUR LES
DANS LES DIVERS

ANNÉES.	ALLEMAGNE.	AUTRICHE-HONGRIE.	BELGIQUE.	BULGARIE.	DANEMARK.	ESPAGNE.	FRANCE.	GRANDE-BRETAGNE et IRLANDE.	GRÈCE.	ITALIE.	NORVÈGE.	PAYS-BAS.	PORTUGAL.	ROUMANIE.	RUSSIE D'EUROPE et D'ASIE.	SERBIE.	SUÈDE.
»	2	3	4	5	6	7	8	9	10	11	12	13	14	15	16	17	18
	quintaux.	quintaux.	quintaux.	quintaux.	quintaux.	quin'aux.	quintaux.	quintaux.	quintaux.	quintaux.	quintaux.	quintaux.	quintaux.	quintaux	quintaux	quintaux	quintaux.
1880.	1,094,000	1,230,000	3,994,681	»	»	».	20,094,510	33,960,910	»	1,469,789	219,126	2,993,005	695,015	»	»	»	365,179
1881.	3,085,000	413,000	3,935,029	»	»	»	12,863,801	35,520,820	»	485,133	75,300	2,189,832	850,285	»	»	»	677,555
1882.	6,247,000	»	4,115,181	»	»	2,570,363	13,190,408	40,393,020	»	680,047	230,604	2,092,579	1,108,846	»	»	»	674,659
1883.	5,611,000	»	4,541,130	»	»	2,334,421	10,454,152	42,710,400	»	1,514,074	244,003	2,851,959	871,363	»	»	»	947,186
1884.	7,183,000	177,000	4,801,577	»	»	680,112	11,075,997	33,543,580	»	3,222,155	306,134	2,630,238	1,036,754	»	»	»	923,359
1885.	5,583,000	»	4,846,914	»	»	923,672	6,686,414	40,523,300	»	7,263,701	295,550	1,999,625	1,010,713	»	»	»	921,660
1886.	2,650,000	»	4,810,765	»	»	1,213,239	7,326,608	33,493,200	»	9,525,007	308,801	2,840,277	1,258,149	»	»	»	755,873
1887.	5,445,000	»	5,692,565	»	»	3,265,587	9,161,186	43,929,600	»	10,186,005	308,078	3,148,311	1,296,600	»	»	»	776,350
1888.	3,387,000	»	5,913,755	»	»	2,684,028	11,608,681	40,212,100	»	6,660,240	330,537	3,021,733	1,057,299	»	»	»	753,722
1889.	5,161,900	»	3,693,218	»	233,940	1,555,179	11,680,914	39,755,000	2,729,333	8,731,848	330,190	3,102,908	840,052	»	»	»	805,070
1890.	6,724,000	»	6,715,343	»	»	1,517,490	10,877,411	40,838,600	2,209,094	6,454,662	381,055	3,142,090	979,914	»	»	»	693,620
1891.	9,050,000	»	9,443,902	»	322,890	1,080,216	20,559,937	44,735,400	2,324,536	4,642,433	916,450	4,226,327	1,172,265	»	»	»	941,937
1892.	12,960,000	»	6,444,755	»	»	1,434,533	19,259,568	47,550,100	7,640,050	6,074,531	1,031,013	3,576,796	1,144,065	»	»	»	1,472,123
1893.	7,032,000	»	7,088,546	»	379,885	4,275,775	9,959,854	46,980,100	1,059,932	8,615,058	1,117,770	3,333,376	1,447,757	»	»	»	1,667,121
1894.	10,746,000	»	8,905,069	»	703,105	4,174,460	12,402,606	48,133,600	1,387,928	4,874,410	987,160	4,507,882	1,048,326	»	»	»	2,060,807
1895.	12,683,000	»	10,738,730	»	760,550	1,524,150	4,791,608	54,665,400	1,373,147	6,456,827	963,485	4,938,175	1,866,342	»	»	»	1,205,096
1896.	13,775,000	»	10,871,810	»	615,946	1,285,698	1,626,210	41,917,401	1,344,749	6,670,526	1,009,586	4,455,865	1,169,765	»	»	»	1,340,080
1897.	10,081,050	992,996	7,976,417	»	518,850	700,639	5,208,980	44,249,700	1,401,987	4,028,597	535,650	5,934,970	1,387,484	»	»	»	1,151,690
1898.	13,427,040	1,096,567	8,907,268	»	635,175	379,940	10,491,963	47,195,650	1,190,366	8,688,811	596,221	4,064,050	874,588	»	»	»	1,483,370
1899.	11,054,940	725,592	11,148,360	»	917,250	4,028,392	1,274,085	48,080,000	1,684,039	5,015,100	678,024	4,442,290	970,839	»	»	»	1,701,060
1900.	10,011,100	277,482	8,751,761	»	619,279	2,282,211	1,193,381	40,572,731	1,692,131	7,182,500	737,487	4,407,560	1,339,287	»	»	»	1,701,936
1901.	20,549,500	102,793	11,397,527	»	1,905,608	1,368,867	1,670,840	50,775,005	1,766,464	10,356,423	718,066	5,393,820	892,590	»	»	»	1,826,017
1902.	20,085,000	804,606	11,800,792	»	1,259,186	704,599	2,634,813	54,550,846	1,710,856	11,603,155	714,121	5,090,060	47,674	»	»	»	2,105,707
1903.	17,569,000	60,248	12,624,124	»	452,601	911,577	4,875,271	59,153,388	1,688,609	11,553,521	731,039	5,074,601	707,676	»	»	»	2,359,833
1904.	16,711,600	2,161,654	13,443,079	»	1,357,143	2,234,847	2,111,003	56,074,167	1,414,938	7,721,904	750,101	4,581,830	556,807	»	»	»	2,300,717
1905.	20,275,000	1,068,177	12,613,013	»	3,099,902	9,504,569	1,507,938	57,477,795	1,597,026	1,058,214	715,821	4,546,660	1,234,299	»	»	»	2,046,701
1906.	17,541,000	20,726	14,037,602	»	2,432,463	5,454,295	2,735,645	56,453,095	2,163,678	13,299,779	805,700	5,826,880	1,011,139	»	»	»	2,239,177
1907.	22,617,000	»	13,099,476	»	1,420,940	1,160,304	3,431,171	57,704,811	2,490,103	8,685,469	864,050	1,767,130	219,107	»	»	»	1,697,473
1908.	16,374,000	»	11,012,767	»	1,392,778	781,757	329,064	53,823,058	1,837,234	7,315,147	1,024,917	5,398,138	1,253,000	»	»	»	2,225,714
1909.	20,655,000	7,184,373	12,372,453	»	1,392,287	917,772	685,200	56,457,704	1,761,325	12,631,667	913,702	5,612,997	»	»	»	»	2,025,934
1910.	18,110,000	2,673,210	13,369,546	»	1,231,163	1,604,580	6,151,150	59,215,179	2,096,080	13,594,981	996,543	5,923,354	»	»	»	»	1,977,400
1911.					1,446,419		21,379,355			1,026,312							
1912.																	

SUISSE.	TURQUIE.	CANADA.	ÉTATS-UNIS.	MEXIQUE.	INDES BRITANNIQUES.	JAPON.	ALGÉRIE.	ÉGYPTE.	TUNISIE.	LE CAP.	RÉPUBLIQUE ARGENTINE.	CHILI.	PÉROU.	URUGUAY.	AUSTRALIE.	NOUVELLE-ZÉLANDE.	TOTAL.
19	20	21	22	23	24	25	26	27	28	29	30	31	32	33	34	35	36
quintaux.	quintaux.	quintaux.	quintaux.	quintaux.	quintaux.	quintaux.	quintaux.	quintaux.	quintaux.	quintaux.	quintaux.	quintaux.	quintaux.	quintaux.	quintaux.	quintaux.	quintaux.
2,904,007										304,700	170,990						69,563,663
2,651,530										395,950	104,844						63,972,092
3,032,354								64,795		391,485							74,967,301
2,733,421								117,371		440,080				11,370			75,381,950
3,211,958	776,414							78,851		362,980				3,360			70,022,309
3,009,502								74,794		332,420							73,501,367
3,206,637								433,381		103,004							68,011,456
3,231,793										89,082							85,537,896
3,327,452										53,956							79,057,500
3,184,219	139,558							46,214		31,652				403,715			82,408,006
3,519,205	118,041							12,469		294,472				64,836			84,570,944
3,687,183										269,480				9,683	886,342		104,369,010
3,305,174										167,922				10,484	578,997		112,700,011
3,658,893								347,669		182,480							97,171,246
3,933,391	—							156,175		198,450							104,312,378
4,203,704						87,102		421,415		299,958							104,781,398
4,799,247						226,743		1,100,505	211,103		860,120						103,189,203
3,951,804			73,520			296,343		504,355	251,519		931,080						93,579,189
3,818,186						379,463		476,671			1,164,120						116,069,629
4,261,026			83,995			266,968		481,129	195,022		931,620						99,522,631
3,957,354			88,075			858,397		803,289	185,272		1,310,800						98,765,053
4,432,710						592,589		1,114,152	353,893		1,686,300			37,723			120,758,802
4,594,024			298,610			672,020		922,716	522,600		1,989,700						122,167,255
4,857,520			421,800	2,558,147				981,309	157,245		2,914,300				1,909,100		130,068,735
5,139,373			272,970	1,647,806				1,177,764	127,643								124,014,411
4,818,012			52,790	1,577,156				1,987,203	569,047								132,749,113
4,849,511			59,090	1,370,111				2,290,869	308,079								132,905,839
5,168,151				1,602,034				2,111,794	91,322								126,903,485
4,072,209				800,788				2,545,596	619,107								110,844,294
4,032,078			565,380	424,411				2,431,922	450,317								130,505,611
4,675,704			1,403,900	498,664				1,666,065	312,657								135,807,204
5,000,290								2,271,161									

TABLEAU DES EXCÉDENTS DES EXPORTATIONS SUR LES
DANS LES DIVERS

ANNÉES.	ALLEMAGNE.	AUTRICHE-HONGRIE.	BELGIQUE.	BULGARIE.	DANEMARK.	ESPAGNE.	FRANCE.	GRANDE-BRETAGNE et IRLANDE.	GRÈCE.	ITALIE.	NORVÈGE.	PAYS-BAS.	PORTUGAL.	ROUMANIE.	RUSSIE D'EUROPE et D'ASIE.	SERBIE.	SUÈDE.
1	2	3	4	5	6	7	8	9	10	11	12	13	14	15	16	17	18
	quintaux.	quintaux.	quintaux.	quintaux.	quintaux.	quintaux.	quintaux.	quintaux.	quintaux.	quintaux.	quintaux.	quintaux.	quintaux.	quintaux.	quintaux.	quintaux.	quintaux.
1880.					816,135	196,201									10,387,139		
1881.					221,017	336,386									13,748,329		
1882.		2,030,000			185,580										2,350,455		
1883.		1,140,000			8,921										23,291,707		
1884.					54,745										19,080,316		
1885.		193,874		1,337,065	200,133									3,972,695	25,636,304		
1886.		1,869,181		1,806,565	332,173									3,106,051	15,023,311		
1887.		2,256,407		1,309,076	64,742									5,120,480	23,005,393		
1888.		4,130,036		2,674,171	32,412									8,500,550	30,011,550	705,426	
1889.		2,541,325		3,804,314										9,667,779	32,083,125	487,551	
1890.		2,326,485		3,055,246	104,785									9,535,913	30,604,350	592,852	
1891.		1,452,905		3,170,288										6,737,830	29,690,000	860,655	
1892.		619,026		3,545,548	67,964									7,946,621	13,780,760	785,806	
1893.		554,548		3,541,099										7,291,587	26,275,122	871,163	
1894.		368,078		2,875,445										7,260,221	34,409,174	521,486	
1895.		490,500		3,038,874										9,941,907	39,778,938	617,357	
1896.		429,097		2,326,444										12,553,096	36,782,924	1,026,093	
1897.				964,551										4,379,785	35,731,393	264,253	
1898.				254,300										5,977,450	30,039,382	591,331	
1899.				203,962										1,587,170	18,409,716	770,066	
1900.				1,294,265										7,469,830	20,102,725	987,094	
1901.				1,516,320										5,078,436	23,425,114	601,360	
1902.				2,540,883										9,350,503	30,914,172	504,161	
1903.				3,595,867										8,470,843	42,545,274	543,775	
1904.				5,320,335										7,009,748	46,941,640	537,631	
1905.				4,774,774										17,729,146	49,379,353	928,125	
1906.				3,035,766										18,094,600	37,233,443	1,020,120	
1907.				2,758,000										12,211,863	22,895,728	579,155	
1908.				2,478,530										17,196,796	14,010,500	970,766	
1909.				2,021,034										8,981,578	51,887,839	1,507,174	
1910.				3,093,153										19,112,196	62,779,596	865,229	
1911.																		
1912.																		

SUISSE.	TURQUIE.	CANADA.	ÉTATS-UNIS.	MEXIQUE.	INDES BRITANNIQUES.	JAPON.	ALGÉRIE.	ÉGYPTE.	TUNISIE.	LE CAP.	RÉPUBLIQUE ARGENTINE.	CHILI.	PÉROU.	URUGUAY.	AUSTRALIE.	NOUVELLE-ZÉLANDE.	TOTAL.
19	20	21	22	23	24	25	26	27	28	29	30	31	32	33	34	35	36
quintaux.	quintaux.	quintaux.	quintaux.	quintaux.	quintaux.	quintaux.	quintaux.	quintaux.	quintaux.	quintaux.	quintaux.	quintaux.	quintaux.	quintaux.	quintaux.	quintaux.	quintaux.
»	»	2,185,845	52,537,534	»	»	»	1,046,312	1,350,259	»	»	»	»	»	»	»	843,800	69,363,285
»	»	918,908	54,367,532	»	»	»	64,927	462,771	»	»	»	»	»	»	»	1,023,800	71,143,070
»	»	1,445,644	56,459,515	»	»	»	307,565	»	»	»	23,000	»	»	»	»	1,332,400	43,615,078
»	»	1,351,275	45,375,778	»	»	240,200	233,672	»	»	»	674,519	»	»	»	»	1,332,400	73,653,778
»	»	»	35,739,856	»	»	87,583	408,810	»	»	»	1,130,713	»	»	»	»	736,420	57,213,047
»	»	403,960	36,138,401	»	7,970,876	117,270	1,753,500	»	»	»	891,219	»	»	149,287	3,582,537	360,000	82,923,114
»	»	1,174,442	25,753,360	»	10,626,040	81,708	1,280,013	»	»	»	453,657	»	»	276,325	246,804	340,500	62,975,596
»	»	1,993,207	41,863,265	»	11,331,257	44,818	1,074,161	236,673	»	»	2,455,403	»	»	205,730	1,282,879	171,550	91,424,047
»	»	950,339	32,054,132	»	6,980,108	74,863	620,496	751,478	»	»	1,870,585	»	»	365,844	3,301,558	627,800	100,352,383
»	»	»	24,311,071	»	5,970,037	76,682	715,766	»	»	»	244,740	»	»	»	226,911	733,200	83,571,531
»	»	»	30,070,086	»	7,506,685	17,485	1,196,415	»	»	»	3,437,423	320,240	»	»	3,640,344	1,215,800	93,425,200
»	»	837,098	29,025,972	»	15,606,473	1,002	766,182	790,007	»	»	4,073,654	1,862,400	»	»	»	395,750	95,302,903
»	»	2,814,951	60,751,106	»	7,921,353	42,079	612,285	190,297	»	»	4,970,519	1,513,600	»	»	»	669,400	106,201,413
»	»	2,924,894	52,235,355	»	6,583,450	62,648	27,217	»	»	»	10,022,990	1,800,620	»	272,678	401,371	712,800	114,267,743
»	»	3,999,366	44,793,768	»	3,800,931	53,765	457,118	»	»	»	16,665,119	1,206,920	»	1,822,431	477,902	622,850	114,437,517
»	»	2,400,536	30,405,714	»	5,480,417	»	1,150,744	»	148,314	»	10,873,902	810,850	»	1,469,881	»	3,963	126,590,397
»	»	2,354,976	34,245,155	»	1,115,586	»	430,096	»	»	»	6,056,507	1,454,290	»	430,119	»	123,300	99,511,285
»	»	2,650,603	47,615,013	»	1,551,603	»	305,978	»	»	»	1,461,933	800,290	»	284,730	»	196,400	95,240,231
»	»	7,510,114	67,642,900	25,530	10,421,411	»	81,358	»	224,602	»	6,902,984	856,490	»	933,323	»	2,960	131,500,554
»	»	3,863,736	70,970,521	»	5,207,932	»	728,162	»	»	»	17,981,994	500,300	»	921,350	3,069,540	780,200	125,363,659
»	»	5,783,936	61,559,671	»	157,363	»	626,671	»	»	»	20,027,536	116,090	»	657,662	3,805,110	780,200	123,528,176
»	»	4,875,850	69,606,376	6,730	4,006,636	»	1,520,650	»	»	»	10,068,085	26,330	»	»	6,826,600	626,200	129,089,709
»	»	9,230,277	74,340,311	»	5,822,055	»	1,433,782	»	»	»	7,007,347	286,870	»	675,092	2,722,305	52,950	144,850,041
»	»	11,328,405	66,520,207	»	13,701,455	»	726,015	»	»	»	17,842,554	620,240	»	98,914	»	19,510	160,123,777
»	»	8,950,063	42,713,570	»	22,611,892	»	919,057	»	»	»	24,551,691	2,035,850	»	98,561	10,578,022	221,350	174,571,992
»	»	6,151,195	16,251,091	»	9,955,805	»	505,504	»	»	»	30,752,875	1,216,570	»	610,698	5,932,590	263,210	147,020,013
»	»	12,291,850	34,632,860	»	8,675,146	»	959,016	»	»	»	24,325,550	58,750	»	6,082	10,646,208	16,640	150,099,321
»	»	12,827,429	45,900,007	»	9,333,106	»	2,065,792	»	»	»	28,031,000	402,000	»	596,695	10,190,043	370	151,411,791
»	»	13,741,954	62,414,682	»	1,187,170	»	682,585	»	»	»	37,985,940	1,371,470	»	500,803	5,783,382	−370	155,729,980
»	»	15,366,168	36,974,582	»	11,129,075	»	1,105,112	»	»	»	26,807,330	1,185,030	»	842,165	10,469,860	386,250	105,063,443
»	»	14,551,745	28,672,916	»	13,452,076	»	1,939,248	»	»	»	20,586,120	»	»	105,194	3,329,713	332,200	109,222,386
»	»	16,599,703	24,297,655	»	12,623,261	»	1,867,212	»	201,022	»	»	»	»	»	»	»	

QUANTITÉS DISPONIBLES DANS CHAQUE PAYS
(PRODUCTION PLUS IMPOR-

ANNÉES.	ALLEMAGNE.	AUTRICHE-HONGRIE.	BELGIQUE.	BULGARIE.	DANEMARK.	ESPAGNE.	FRANCE.	GRANDE-BRETAGNE et IRLANDE.	GRÈCE.	ITALIE.	NORVÈGE.	PAYS-BAS.	PORTUGAL.	ROUMANIE.	RUSSIE D'EUROPE et D'ASIE.	SERBIE.	SUÈDE.
1	2	3	4	5	6	7	8	9	10	11	12	13	14	15	16	17	18
	quintaux.	quintaux.	quintaux.	quintaux.	quintaux.	quintaux.	quintaux.	quintaux.	quintaux.	quintaux.	quintaux.	quintaux.	quintaux.	quintaux.	quintaux.	quintaux.	quintaux.
1880.	24,517,000	36,436,600	9,000,087		572,465	19,803,739	95,599,313	54,634,664		32,093,789	260,326	4,349,946	2,495,015		180,112,561		1,319,929
1881.	23,676,000	34,716,751	8,202,078		534,283	19,663,614	88,540,156	55,131,027		27,593,403	112,830	3,430,399	2,650,268		176,751,671		1,333,055
1882.	31,781,000	44,460,556	8,510,181		1,053,511	22,376,263	106,073,184	62,799,437		41,567,204	283,804	3,534,579	2,908,846		185,149,545		1,910,659
1883.	29,120,000	32,800,033	9,116,130		1,918,179	22,334,421	89,715,743	63,686,085		33,039,074	289,603	4,343,959	2,071,383		167,208,291		1,751,186
1884.	31,972,000	40,012,009	9,336,572		1,223,855	20,689,112	99,310,076	56,810,080		37,117,155	361,054	4,192,238	2,836,754		239,461,084		1,920,109
1885.	31,576,000	45,313,621	9,560,914	6,102,935	1,185,967	20,623,672	91,867,611	63,104,300		39,433,701	355,550	3,677,626	2,910,713		147,541,895		1,972,419
1886.	29,314,000	39,658,819	9,510,785	5,593,635	953,527	21,413,239	59,678,286	51,456,000		42,455,097	306,041	4,478,277	3,038,149		139,780,089		1,758,123
1887.	33,753,000	53,359,593	10,373,355	5,640,924	1,392,058	22,960,587	96,255,508	67,543,400		44,884,606	374,078	4,974,341	3,096,606		129,794,607		1,931,350
1888.	28,695,000	48,674,964	10,145,788	5,550,829	862,788	21,389,026	80,578,374	61,334,500		36,930,240	391,017	4,411,733	2,955,290		67,987,450	1,541,574	1,813,022
1889.	28,885,000	34,063,675	11,073,218	2,995,680	1,376,140	31,120,499	94,911,385	61,247,400	4,187,333	38,676,648	387,670	4,817,998	3,053,052	4,075,221	71,502,855	2,005,519	1,811,576
1890.	35,033,000	51,532,515	12,808,343	3,679,754	922,915	22,931,010	100,611,402	62,382,200	4,084,694	42,584,652	456,968	4,580,099	3,299,914	5,412,087	73,967,450	1,311,945	1,780,500
1891.	32,388,000	49,333,095	13,096,902	7,285,712	1,458,990	21,308,736	79,068,744	55,928,000	3,821,536	43,527,433	988,386	5,145,327	2,913,268	6,590,170	61,080,000	1,315,315	2,105,757
1892.	44,580,000	53,944,974	11,773,755	7,469,462	1,082,636	24,764,333	103,826,810	64,780,300	3,715,050	37,872,531	1,122,913	5,002,796	3,037,965	11,882,379	109,287,234	2,236,292	2,611,923
1893.	36,980,000	56,997,452	11,844,546	6,457,901	1,430,265	31,284,835	85,552,079	61,417,900	2,963,032	43,785,088	1,182,240	4,680,370	3,079,757	9,405,313	126,750,678	1,503,601	2,700,871
1894.	40,869,000	54,540,922	13,507,069	6,196,553	1,503,405	34,016,430	106,074,062	63,348,200	2,649,928	38,297,410	1,059,350	5,509,582	2,571,320	4,720,770	116,791,520	1,654,514	3,236,657
1895.	40,759,000	57,263,500	13,886,739	4,745,126	1,704,350	23,856,820	97,215,304	64,523,600	2,401,147	38,525,827	1,023,945	5,382,175	3,216,342	8,987,093	100,058,912	1,775,613	2,156,006
1896.	45,839,000	54,811,903	13,764,830	8,553,556	1,660,346	21,046,948	94,232,953	66,429,900	2,650,749	46,700,526	1,086,186	5,835,395	2,692,765	7,015,301	91,137,070	1,149,905	2,634,320
1897.	39,211,050	54,117,906	11,265,417	6,910,140	1,470,316	25,997,639	71,133,085	60,208,500	2,035,067	27,919,597	613,950	5,077,970	3,262,484	5,630,215	96,505,405	3,380,126	2,437,130
1898.	50,503,040	52,742,567	12,773,268	8,956,640	1,482,709	34,420,940	118,804,233	68,425,850	2,390,366	46,440,811	608,601	5,308,050	3,124,588	10,090,550	98,960,698	2,049,026	2,719,134
1899.	50,108,940	55,302,592	14,125,360	8,683,038	1,988,347	30,620,392	100,734,875	68,057,400	3,315,030	42,926,100	748,201	5,823,290	2,066,839	5,276,830	119,552,384	2,415,812	3,015,960
1900.	48,423,000	52,848,482	12,504,160	9,580,732	1,737,500	29,680,022	89,792,281	64,356,786	3,323,131	43,943,900	825,946	5,548,644	2,421,287	8,104,970	116,712,275	1,227,076	3,109,730
1901.	43,535,010	47,725,097	15,246,731	7,151,680	1,472,193	26,646,323	80,328,350	65,451,733	3,170,462	55,596,423	803,717	5,520,680	2,197,509	13,501,374	92,997,645	1,603,707	2,978,582
1902.	59,058,960	64,090,140	15,813,772	8,330,117	2,493,116	35,630,416	91,874,851	70,411,644	3,371,656	49,045,150	786,065	6,457,300	1,675,074	12,104,187	134,384,473	2,600,761	3,406,181
1903.	53,119,040	60,702,036	15,985,258	6,070,538	1,607,073	36,013,811	103,657,889	72,430,689	3,188,600	62,253,221	814,422	6,214,450	2,307,676	12,051,127	126,587,857	2,418,726	3,862,585
1904.	54,789,280	56,770,106	17,203,736	5,967,070	2,523,007	28,152,194	85,600,484	69,994,245	2,914,938	55,802,806	807,803	6,065,570	2,456,897	5,093,102	134,518,090	2,340,083	3,904,077
1905.	57,273,520	62,335,490	15,987,973	4,730,864	4,116,496	34,080,072	92,606,863	73,597,659	3,097,026	45,175,968	835,095	5,845,500	2,834,299	10,659,034	123,789,088	2,110,755	3,566,501
1906.	50,930,630	72,424,120	17,585,778	7,607,953	3,565,590	33,734,672	92,103,325	72,930,737	3,663,678	61,504,406	588,070	7,150,500	2,611,139	11,614,900	110,675,573	2,575,013	4,090,367
1907.	57,410,240	48,751,170	17,339,470	3,649,056	2,503,492	28,466,043	107,181,171	73,090,146	3,990,103	57,486,850	942,836	6,192,890	1,816,167	— 503,763	132,387,790	1,700,201	3,337,003
1908.	59,051,070	61,484,231	14,687,595	7,453,954	2,568,480	33,135,141	86,517,114	68,940,564	4,337,234	49,161,353	1,114,468	6,769,178	2,953,000	−2,358,156	169,429,505	2,145,040	4,135,814
1909.	57,613,470	57,120,211	16,347,313	6,707,325	2,434,077	30,166,657	98,432,400	73,943,740	3,281,325	58,447,667	998,711	6,726,008	2,600,000	7,040,992	178,400,248	2,581,701	3,906,644
1910.	56,724,790	67,643,787	16,757,546	8,404,829	2,469,350	30,012,106	74,960,250	75,057,806	3,596,050	55,344,981	986,250	7,097,008		10,161,646	164,807,618	2,511,809	4,047,400
1911.					2,662,576		109,190,758			1,121,763							
1912.																	

(1) Pour permettre la comparaison des tableaux récapitulatifs concernant les superficies cultivées, la production et les disponibilités en blé dans le monde, on y a fait figurer *en italique des évaluations*.

TATIONS MOINS EXPORTATIONS.)

SUISSE.	TURQUIE.	CANADA.	ÉTATS-UNIS.	MEXIQUE.	INDES BRITANNIQUES.	JAPON.	ALGÉRIE.	ÉGYPTE.	TUNISIE.	LE CAP.	RÉPUBLIQUE ARGENTINE.	CHILI.	PÉROU.	URUGUAY.	AUSTRALIE.	NOUVELLE-ZÉLANDE.	TOTAL.
19	20	21	22	23	24	25	26	27	28	29	30	31	32	33	34	35	36
quintaux.	quintaux.	quintaux.	quintaux.	quintaux.	quintaux.	quintaux.	quintaux.	quintaux.	quintaux.	quintaux.	quintaux.	quintaux.	quintaux.	quintaux.	quintaux.	quintaux.	quintaux.
3,714,667		6,314,155	53,167,460				5,784,000	4,149,741		1,054,760	8,070,990					1,377,880	575,015,790
3,401,530		7,585,541	49,960,408				4,145,116	5,037,229		1,145,950	8,604,844					1,901,050	494,018,783
3,782,554		9,597,356	100,790,485				6,282,288	5,564,795		3,141,485	8,477,000					1,412,090	652,609,022
3,463,421		5,812,725	69,213,222			3,079,894	6,201,765	5,617,371		1,190,050	7,925,851			861,870		935,000	551,515,788
3,961,936		12,072,414	103,533,144				3,708,617	5,073,795	5,578,851	3,112,050	7,363,287			853,360		1,130,380	602,951,886
3,610,502		9,846,040	90,257,506		73,563,978	3,215,730	4,860,307	5,574,794		1,052,420	7,608,781			700,713	3,583,393	784,100	670,223,351
4,046,657		7,911,558	98,700,631		59,784,421	4,304,292	5,375,504	5,953,881		555,004	8,016,343			573,677	8,535,054	1,372,500	645,371,430
3,984,793		6,829,093	82,348,735		53,695,342	4,192,182	4,699,071	5,350,327		1,063,982	6,044,597			641,204	3,743,921	2,303,250	652,133,240
4,091,431		8,038,661	80,537,808		65,014,892	4,234,137	4,859,403	5,000,522		1,090,950	4,618,415			460,156	3,353,412	1,758,700	562,436,816
4,037,219		8,571,558	109,215,929		49,122,903	4,400,338	4,528,286	7,546,214		1,012,852	8,459,260			947,715	10,349,089	1,506,000	606,599,697
4,335,205		10,593,041	75,608,014		53,886,315	3,401,515	6,560,071	7,512,469		884,122	5,012,600	3,596,760		1,152,836	5,107,656	342,000	608,342,735
4,304,153		14,302,302	137,508,028		59,201,527	4,970,938	6,359,954	6,700,993		1,011,580	5,727,300	3,414,600		956,683	10,770,343	2,396,850	718,003,642
4,235,174		10,269,049	79,059,904		48,284,017	4,241,921	4,825,131	7,300,703		1,227,922	10,969,500	3,382,400		915,785	11,805,997	1,610,000	637,791,287
4,667,893		8,321,106	55,591,645		64,800,544	4,521,157	5,490,508	7,847,609		1,242,180	11,752,300	2,461,180		1,294,900	10,043,629	618,200	689,292,025
5,239,391		8,461,694	50,480,232		70,052,089	5,471,332	7,990,462	5,150,175		1,011,030	34,681	2,558,080		626,338	8,168,098	360,000	692,576,880
5,276,704		13,002,464	87,730,286		65,632,553	3,620,102	5,911,277	6,424,415	1,501,186	975,958	1,756,100	3,946,150		1,250,119	10,000,000	1,858,531	678,856,160
6,105,247		8,525,024	82,169,845		53,545,414	5,174,743	5,800,437	8,600,505	1,084,143	1,404,320	2,543,500	2,917,710		1,745,561	12,000,000	1,480,110	662,526,462
5,068,804		10,849,397	66,660,057	2,713,390	62,042,367	5,601,583	5,107,400	8,304,385	1,058,719	1,504,080	13,008,100	3,211,710		2,215,270	14,000,000	1,346,600	638,097,517
5,093,186		7,864,586	116,152,010	2,366,022	62,816,559	6,203,463	7,297,936	8,976,671	914,478	1,596,030	21,607,000	4,018,510		1,566,617	16,000,000	3,554,610	760,151,537
5,305,026		13,536,264	77,983,459	2,611,490	64,267,078	6,033,968	5,835,911	7,081,129	1,224,552	1,530,870	9,678,000	2,791,700		2,340,650	16,294,540	1,545,800	732,695,919
5,024,354		9,340,694	86,567,929	3,470,714	64,263,637	6,578,397	5,516,065	5,803,299	1,556,832	1,560,800	316,500	3,145,910		3,692,338	19,120,110	905,000	701,672,992
5,519,716		19,232,810	134,094,770	3,264,860	68,066,951	6,499,647	7,254,839	9,114,132	1,601,833	2,236,300	5,270,000	3,793,505		2,107,090	17,321,550	475,120	772,675,789
3,681,021		17,177,548	185,024,037	2,000,317	56,060,518	6,010,591	7,791,336	8,922,716	1,686,209	2,839,700	21,231,183	2,436,525		781,023	6,001,120	1,976,760	810,505,585
5,837,526		10,915,397	107,060,384	3,277,414	67,202,155	5,069,021	8,544,604	8,981,309	2,257,995	3,564,300	17,448,416	4,255,473		1,701,264	22,089,604	2,128,283	839,747,432
6,139,373		10,660,550	107,597,163	770,685	75,316,073	6,857,446	6,020,590	9,177,764	2,580,029	2,500,000	16,944,300	1,204,135		1,960,319	4,263,482	2,261,740	766,069,952
5,518,012		23,001,012	172,347,204	5,008,105	67,051,192	6,439,224	6,396,050	9,957,203	1,678,647	2,500,000	5,969,432	2,052,014		642,744	9,716,023	1,587,158	861,967,621
5,849,511		24,792,026	165,475,765	5,150,085	78,401,504	6,719,109	8,472,061	10,790,869	1,691,079	2,500,000	18,128,760	3,350,000		1,861,862	7,430,969	1,508,585	914,202,235
6,168,151		12,546,703	125,673,111	3,500,000	72,926,557	7,613,673	6,442,000	10,611,794	1,874,322	2,500,000	23,756,050	4,745,149		1,425,385	1,903,445	1,514,783	827,035,903
5,022,209		16,558,084	118,463,396	3,500,000	61,046,725	6,757,589	7,411,258	11,045,590	1,610,107	2,500,000	4,514,920	4,640,327		1,742,207	11,251,383	2,387,233	825,150,017
5,603,078		30,014,879	149,005,054	3,142,835	60,486,755	6,480,961	8,517,035	11,705,481	2,200,347	2,500,000	8,848,230	5,778,407		1,060,385	14,137,159	2,001,158	940,925,245
5,423,701		25,969,425	144,151,616	7,817,837	54,429,825	6,956,357	7,804,124	10,544,508	1,342,657	2,500,000	19,143,580			1,460,244	22,555,964	1,599,632	881,713,600
5,939,490		41,946,305	144,802,899		80,392,038		8,092,722	12,025,681	2,140,978								

pour les surfaces ou quantités qu'il n'a pas été possible de recueillir dans des statistiques officielles.

SUPERFICIE CULTIVÉE EN

ANNÉES.	ALLEMAGNE.	AUTRICHE-HONGRIE.	BELGIQUE.	BULGARIE.	DANEMARK.	ESPAGNE.	FRANCE.	GRANDE-BRETAGNE ET IRLANDE.	GRÈCE.	ITALIE.	NORVÈGE.	PAYS-BAS.	PORTUGAL.	ROUMANIE.	RUSSIE D'EUROPE ET D'ASIE.	SERBIE.	SUÈDE.
1	2	3	4	5	6	7	8	9	10	* 11	12	13	14	15	16	17	18
	hectares.	hectares.	hectares.	hectares.	hectares.	hectares.	hectares.	hectares.	hectares.	hectares.	hectares.	hectares.	hectares.	hectares.	hectares.	hectares.	hectares.
1880.	1,815,200	3,303,000	275,756	"	57,031	3,000,000	6,879,875	1,237,297	"	4,434,620	4,000	92,543	300,000	"	20,000,000	»	60,000
1881.	1,817,400	3,520,170	275,756	"	55,828	3,000,000	6,939,114	1,197,138	"	4,434,620	4,000	88,700	300,000	"	20,000,000	"	60,000
1882.	1,821,400	3,509,519	275,756	"	51,778	3,000,000	6,907,792	1,277,193	"	4,434,620	4,000	92,911	300,000	"	20,000,000	"	60,000
1883.	1,920,000	3,060,931	275,756	"	53,728	3,000,000	6,803,821	1,095,642	"	4,434,620	4,000	86,056	300,000	"	20,000,000	"	60,000
1884.	1,910,000	3,856,401	275,756	"	52,677	3,000,000	7,052,221	1,110,785	"	4,434,620	4,000	88,742	300,000	"	20,000,000	"	60,000
1885.	1,913,800	4,096,000	275,756	680,000	51,027	3,300,000	6,956,765	1,031,500	"	4,434,620	4,000	84,763	300,000	"	20,000,000	"	62,000
1886.	1,916,000	4,100,000	283,361	680,000	50,577	3,300,000	6,936,167	953,048	"	4,434,620	4,000	80,649	300,000	"	20,000,000	"	62,000
1887.	1,919,700	4,108,000	283,361	680,000	49,527	3,300,000	6,967,466	964,944	"	4,434,620	4,000	85,194	300,000	"	20,000,000	"	62,000
1888.	1,933,300	4,131,000	283,361	680,000	48,478	3,300,000	6,978,134	1,077,700	160,000	4,434,620	4,000	84,655	300,000	1,339,600	20,000,000	187,744	62,000
1889.	1,956,400	4,185,000	283,361	680,000	46,711	3,300,000	7,036,968	1,027,437	160,000	4,434,620	4,000	85,376	300,000	1,339,928	20,000,000	187,744	64,498
1890.	1,960,200	4,313,000	283,361	700,000	44,957	3,500,000	7,061,739	1,003,022	160,000	4,407,000	4,386	84,811	350,000	1,509,689	20,500,000	187,746	70,574
1891.	1,865,300	4,321,000	283,361	700,000	43,182	3,500,000	5,759,509	966,235	160,000	4,502,000	4,386	58,583	350,000	1,541,051	20,500,000	187,744	70,995
1892.	1,975,700	4,397,000	283,361	700,000	41,418	3,500,000	6,986,028	928,603	160,000	4,530,000	4,386	74,216	350,000	1,496,072	20,500,000	187,744	71,360
1893.	2,044,100	4,620,000	283,361	700,000	39,654	3,500,000	7,073,050	789,910	160,000	4,556,000	4,386	70,801	350,000	1,303,390	20,500,000	317,070	70,731
1894.	1,950,500	4,531,000	283,361	700,000	27,890	3,500,000	6,991,449	800,010	160,000	4,571,000	4,386	64,556	350,000	1,392,560	20,500,000	317,070	70,855
1895.	1,930,800	4,425,000	180,377	750,000	36,125	3,650,000	7,001,669	585,212	190,000	4,503,000	4,386	61,892	350,000	1,438,000	20,300,000	317,070	71,141
1896.	1,926,800	4,422,000	180,377	750,000	34,561	3,650,000	6,870,352	700,624	190,000	4,581,000	4,386	62,265	350,000	1,305,210	20,500,000	317,070	71,314
1897.	1,920,700	4,071,000	180,377	750,000	35,606	3,857,731	6,583,776	763,481	190,000	4,581,000	4,386	62,199	350,000	1,595,090	20,500,000	279,743	72,090
1898.	1,969,300	4,358,000	180,377	782,401	36,913	3,801,977	6,955,711	671,994	190,000	4,581,000	4,386	73,058	300,000	1,153,600	20,500,000	281,634	73,981
1899.	2,010,500	4,487,000	180,377	823,686	36,219	3,665,428	6,940,210	830,537	190,000	4,581,000	4,386	71,836	300,000	1,661,360	20,500,000	403,819	75,449
1900.	2,049,200	4,629,000	165,957	820,000	39,013	3,868,676	6,804,070	808,470	190,000	4,581,000	5,074	63,848	280,000	1,589,490	21,179,498	310,032	77,588
1901.	1,581,420	4,657,817	165,781	815,000	13,048	3,711,037	6,793,785	705,700	190,000	4,820,000	5,074	54,432	280,000	1,636,500	21,976,180	304,814	78,937
1902.	1,912,215	4,680,003	168,227	810,000	40,927	3,692,934	6,563,711	716,562	190,000	4,750,000	5,074	61,055	260,000	1,486,485	22,302,308	325,584	81,582
1903.	1,807,175	4,786,509	143,820	807,489	40,898	3,655,500	6,476,728	635,231	190,000	4,850,000	5,074	55,518	260,000	1,605,657	23,153,835	348,002	81,130
1904.	1,917,513	4,810,230	159,118	915,473	40,871	3,657,607	6,509,771	569,013	190,000	5,396,997	5,074	54,061	280,000	1,790,390	23,051,132	366,399	80,900
1905.	1,927,127	4,828,183	162,892	979,570	40,842	3,593,307	6,509,711	742,491	195,000	5,315,304	5,074	60,072	260,000	1,938,950	25,171,110	372,143	83,500
1906.	1,935,993	5,014,420	150,073	1,009,028	40,815	3,702,898	6,516,155	726,253	195,000	5,130,654	5,074	56,796	260,000	2,022,843	27,537,367	372,868	83,520
1907.	1,736,787	4,731,533	158,815	977,100	40,512	3,697,925	6,577,469	673,250	195,000	5,229,800	5,021	54,311	260,000	1,713,317	27,021,021	367,603	87,774
1908.	1,884,000	5,031,878	132,503	980,442	40,512	9,756,721	6,564,370	673,182	195,000	5,107,600	5,021	56,269	260,000	1,801,685	27,237,125	370,603	91,613
1909.	1,931,383	4,751,020	137,765	1,040,140	40,512	3,782,605	6,596,210	735,614	195,000	4,705,000	5,021	54,268	260,000	1,689,044	29,009,397	378,048	92,500
1910.	1,942,916	5,005,578	151,000	1,088,606	40,512	3,809,464	6,534,370	731,183	195,000	4,758,000	5,021	54,748	260,000	1,915,217	31,353,823	385,833	93,517
1911.	1,974,197	4,926,037	153,000	1,118,609	40,512	3,927,892	6,433,360	763,809		4,751,000	5,021	57,539	260,000	1,930,164	29,877,812	386,406	101,466
1912.			165,500	1,120,500	40,512	3,851,472	6,555,500	772,200		5,021	57,682	960,000	2,069,120	28,853,100			

(1) Pour permettre la comparaison des tableaux récapitulatifs concernant les superficies cultivées, la production et les disponibilités du blé dans le monde on y a fait figurer en italique des évaluations pour

SUISSE.	TURQUIE.	CANADA.	ÉTATS-UNIS.	MEXIQUE.	INDES-BRITANNIQUES.	JAPON.	ALGÉRIE.	ÉGYPTE.	TUNISIE.	LE CAP.	RÉPUBLIQUE ARGENTINE.	CHILI.	PÉROU.	URUGUAY.	AUSTRALIE.	NOUVELLE-ZÉLANDE.	TOTAL.
19	20	21	22	23	24	25	26	27	28	29	30	31	32	33	34	35	36
hectares.	hectares.	hectares.	hectares.	hectares.	hectares.	hectares.	hectares.	hectares.	hectares.	hectares.	hectares.	hectares.	hectares.	hectares.	hectares.	hectares.	hectares.
35,000	»	900,000	15,086,320	»	»	479,000	1,338,820	360,000	»	70,000	800,000	»	»	»	1,366,861	131,500	62,228,829
35,000	»	957,620	15,256,860	»	»	563,000	1,322,563	360,000	»	70,000	800,000	»	»	»	1,362,006	148,080	62,394,779
35,000	»	718,420	14,007,100	»	»	567,000	1,245,451	360,000	»	70,000	800,000	»	»	»	1,492,414	161,100	61,984,254
35,000	»	765,800	14,749,900	»	»	372,000	1,338,529	360,000	»	70,000	800,000	»	»	»	1,426,563	152,900	62,315,935
35,000	»	766,080	15,971,800	9,000,000	558,000	1,375,000	360,000	»	70,000	800,000	»	»	»	1,481,048	109,500	72,510,726	
38,000	»	820,400	13,821,000	9,000,000	396,000	1,315,375	400,000	»	75,000	800,000	»	»	»	1,300,242	70,400	71,243,154	
38,000	»	747,520	14,891,500	9,000,000	400,000	1,240,515	400,000	»	75,000	800,000	»	»	»	1,347,667	102,420	72,165,947	
38,000	»	734,300	15,220,800	9,000,000	387,000	1,235,577	400,000	»	75,000	800,000	»	»	»	1,656,693	144,640	72,859,722	
38,000	580,000	605,000	15,106,000	9,000,000	401,000	1,230,034	400,000	»	75,000	821,000	500,000	»	»	1,552,039	146,600	75,568,781	
38,000	580,000	745,500	15,421,800	9,000,000	552,000	1,113,329	400,000	»	75,000	824,000	500,000	»	»	1,566,290	136,400	74,919,662	
39,000	580,000	1,108,100	14,600,200	10,755,000	454,000	1,302,862	450,000	»	80,000	1,202,200	450,000	»	»	1,431,425	122,000	83,105,074	
39,000	580,000	921,400	16,150,200	»	9,907,020	425,000	1,233,135	450,000	»	80,000	1,320,000	450,000	»	»	1,512,650	163,010	75,585,462
39,000	580,000	1,008,000	13,595,700	»	8,166,000	430,000	1,280,467	450,000	»	60,000	1,600,000	450,000	160,216	1,547,110	151,300	76,115,341
39,000	580,000	920,200	14,003,000	»	8,693,000	433,000	1,312,003	450,000	»	80,000	1,840,000	450,000	207,362	1,685,775	98,260	77,175,186
39,000	580,000	817,100	14,105,000	»	8,959,000	437,000	1,282,455	450,000	»	80,000	2,000,000	450,000	203,796	1,557,706	60,160	77,109,401
40,000	600,000	852,600	13,760,400	»	9,209,600	443,000	1,320,723	475,000	348,502	85,000	2,260,200	400,000	203,795	1,530,031	99,380	77,691,301
40,000	600,000	802,600	13,999,000	»	7,397,000	658,000	1,292,250	475,000	294,977	85,000	2,500,000	600,000	203,795	1,800,957	114,000	76,355,365
40,000	600,000	1,043,300	15,969,000	260,000	6,547,000	454,000	1,263,852	475,000	321,097	85,000	2,600,000	400,000	263,795	1,891,421	140,080	78,113,323
40,000	600,000	1,324,600	17,825,000	260,000	6,070,000	462,000	1,257,604	500,420	365,053	85,000	3,200,000	400,000	263,795	2,384,050	161,920	87,905,800
40,000	600,000	1,401,000	18,042,300	300,000	8,183,000	461,000	1,303,582	521,345	376,665	85,000	3,250,000	400,000	274,446	2,386,912	109,450	84,507,310
41,000	600,000	1,709,700	17,197,900	300,000	6,516,000	461,675	1,318,850	532,474	412,057	70,000	3,380,000	400,000	377,766	2,377,431	84,250	83,167,088
41,000	600,000	1,631,453	20,192,415	300,000	9,057,500	463,281	1,305,286	544,221	401,096	70,000	3,205,000	349,865	292,016	2,070,329	60,150	89,093,765
41,000	620,000	1,600,751	18,697,659	350,000	9,485,192	450,177	1,386,700	547,946	436,109	70,000	3,695,313	205,021	265,638	2,086,550	78,652	88,143,605
41,000	600,000	1,787,212	20,017,977	350,000	9,467,600	466,025	1,417,508	519,520	462,030	70,000	4,320,000	422,487	265,638	2,252,580	93,216	91,479,673
41,000	600,000	1,702,000	17,836,661	400,000	11,498,474	454,855	1,314,732	524,027	486,577	70,000	4,903,122	380,745	260,776	2,537,231	101,414	92,952,556
42,000	550,000	2,005,017	19,366,067	400,000	11,521,321	449,731	1,374,620	495,479	369,793	65,000	5,075,293	365,000	288,468	2,477,753	89,913	101,317,037
42,000	550,000	2,466,618	19,141,196	400,000	10,665,313	439,526	1,311,593	512,574	497,106	65,000	5,692,265	410,000	232,255	2,429,671	83,430	99,720,551
42,000	550,000	2,466,769	18,295,440	400,000	11,821,714	450,340	1,318,221	511,803	456,001	65,000	5,759,987	460,405	247,606	2,178,761	78,146	98,632,151
43,000	500,000	2,675,056	19,243,843	400,000	9,271,745	443,365	1,455,579	499,523	439,103	65,000	6,063,100	550,762	80,000	276,767	2,129,016	102,138	98,475,610
42,400	500,000	3,130,432	17,921,984	400,000	10,617,164	447,645	1,380,970	524,791	404,522	65,000	5,836,550	411,789	80,000	276,767	2,665,318	125,855	100,205,833
42,500	407,175	3,761,420	18,186,644	450,000	11,374,138	471,532	1,438,404	525,523	492,956	60,000	6,253,180	510,606	75,000	257,609	2,953,185	130,121	92,297,991
42,565	»	4,195,133	20,049,537	»	12,535,612	405,070	1,337,411	510,964	567,000	»	4,953,000	»	»	»	2,081,000	130,375	
42,565	»	4,065,941	18,188,792	»	12,349,943	505,000	1,462,714	538,935	511,000	»	6,802,000	»	»	»	2,919,000	87,218	

les surfaces ou quantités qu'il n'a pas été possible de recueillir dans des statistiques officielles.

ANNÉES.	ALLEMAGNE.	AUTRICHE-HONGRIE.	BELGIQUE.	BULGARIE.	DANEMARK.	ESPAGNE.	FRANCE.	GRANDE-BRETAGNE et IRLANDE.	GRÈCE.	ITALIE.	NORVÈGE.	PAYS-BAS.	PORTUGAL.	ROUMANIE.	RUSSIE D'EUROPE et D'ASIE.	SERBIE.	SUÈDE.
1	2	3	4	5	6	7	8	9	10	11	12	13	14	15	16	17	18
	quintaux.	quintaux.	quintaux.	quintaux.	quintaux.	quintaux.	quintaux.	quintaux.	quintaux.	quintaux.	quintaux.	quintaux.	quintaux.	quintaux.	quintaux.	quintaux.	quintaux.
1880	12.9	10.01	18.14	»	24.3	»	10.92	16.71		6.90	10.30	16.50		»	»	»	10.30
1881	11.3	9.72	15.45	»	18.5	»	10.43	16.38		6.48	9.36	13.00		»	»	»	9.36
1882	14.0	13.24	17.77	»	22.2	»	13.48	17.47		9.22	13.30	15.40		»	»	»	13.30
1883	12.2	9.27	17.00	»	22.8	»	11.65	19.15		7.11	11.40	17.17		»	»	»	11.40
1884	12.9	10.33	17.46	»	24.3	»	12.51	20.94		»	15.23	17.55		»	»	»	14.93
1885	13.6	11.11	18.45	»	27.0	»	12.24	21.91		»	14.00	19.92		»	»	»	13.00
1886	13.9	10.13	18.15	»	25.4	»	11.84	18.95		»	14.81	17.02		»	»	»	14.81
1887	14.7	13.53	19.81	» · »	29.4	»	12.50	22.42		»	16.50	21.37		»	»	»	16.50
1888	13.1	12.78	15.23	»	18.4	»	10.74	19.59		»	15.12	16.35		»	»	»	15.12
1889	·12.1	8.59	19.27	»	21.3	»	11.82	20.94		»	14.87	20.00		9.90	»	13.38	14.37
1890	14.4	12.55	19.34	»	22.1	»	12.70	21.47	10.51	15.90	16.98		9.37	»	»	15.90
1891	12.4	11.75	15.04	»	26.3	»	10.21	21.93	11.07	16.30	15.82		8.32	»	»	16.39
1892	16.0	12.40	20.84	»	27.8	»	12.10	18.50	9.00	16.39	19.12		11.92	»	»	16.39
1893	14.7	12.45	18.03	»	26.4	»	10.68	18.29	10.46	14.70	18.32		12.30	»	6.20	14.70
1894	15.2	12.11	19.27	»	31.9	»	13.60	21.51	9.37	16.46	17.08		8.25	»	»	16.40
1895	14.5	13.05	19.62	»	26.1	»	13.20	17.34	9.03	13.99	18.30		12.60	»	»	13.99
1896	15.6	12.49	20.95	»	29.2	»	13.48	23.66	11.17	17.40	21.45		12.52	»	»	17.40
1897	15.2	8.14	18.21	»	26.7	6.50	10.01	16.23	»	17.17	18.22		6.07	»	13.10	17.17
1898	18.4	11.64	21.04	11.82	22.9	8.50	14.26	24.29	»	16.50	19.57		10.63	»	9.30	16.50
1899	19.1	12.16	18.24	7.15	28.0	7.30	14.33	22.96	»	15.97	18.75		4.12	»	7.80	15.97
1900	18.7	11.35	22.21	13.20	28.0	7.10	12.91	19.24	» »	17.47	19.35		9.80	6.46	6.01	19.23
1901	13.8	10.43	23.20	10.67	20.4	10.00	12.43	20.80	9.40	17.08	20.80		11.90	5.30	6.05	14.00
1902	20.4	13.31	23.50	13.42	30.1	9.80	13.59	22.13	7.90	14.15	20.20		14.50	7.41	9.08	15.14
1903	10.7	12.07	23.40	12.00	29.7	9.70	15.24	20.26	10.05	16.43	20.50		12.50	7.30	8.50	18.51
1904	19.8	11.35	23.60	12.00	28.5	7.10	12.49	18.14	8.59	11.35	21.90		8.50	7.67	9.44	17.22
1905	19.2	12.63	20.70	9.70	27.1	7.00	14.00	22.11	8.30	17.59	21.50		24.00	6.67	7.08	18.25
1906	20.3	14.43	23.50	10.50	27.8	10.20	13.72	22.66	9.40	16.21	23.30		15.10	5.37	8.03	21.55
1907	19.0	10.53	27.10	6.60	29.2	7.40	15.77	22.55	9.30	15.52	26.20		6.50	5.75	6.27	18.90
1908	20.0	12.30	23.90	10.10	29.0	8.70	13.13	22.46	8.20	17.83	24.40		8.40	6.27	8.24	20.95
1909	20.5	10.50	25.20	8.40	25.7	10.40	11.81	23.11	11.00	16.93	21.70		9.50	7.93	11.00	20.33
1910	19.9	12.96	22.00	10.60	30.6	9.80	10.50	21.05	8.80	15.46	21.70		15.02	7.25	9.02	21.23
1911	20.6	13.75	26.00	17.5	30.0	10.30	13.63	22.20	11.02	19.02	20.30		13.50	4.64	10.78	22.63
1912			25.00	15.5	36.1	7.90	13.90	22.30		15.80	21.70		11.80	7.07		

SUISSE.	TURQUIE.	CANADA.	ÉTATS-UNIS.	MEXIQUE.	INDES BRITANNIQUES.	JAPON.	ALGÉRIE.	ÉGYPTE.	TUNISIE.	LE CAP.	RÉPUBLIQUE ARGENTINE.	CHILI.	PÉROU.	URUGUAY.	AUSTRALIE.	NOUVELLE-ZÉLANDE.	ANNÉES.
19	20	21	22	23	24	25	26	27	28	29	30	31	32	33	34	35	1
quinteaux.	quinteaux.	quinteaux.	quinteaux.	quinteaux.	quinteaux.	quinteaux.	quinteaux.	quinteaux.	quinteaux.	quinteaux.	quinteaux.	quinteaux.	quinteaux.	quinteaux.	quinteaux.	quinteaux.	
		9.44	7.66			12.8	5.1								6.3	16.8	1880.
		8.77	6.66			7.8	3.1								0.1	19.1	1881.
		15.37	8.88			9.4	5.3								6.4	14.1	1882.
		9.35	7.58			8.9	4.8								8.3	14.8	1883.
		14.74	8.49			9.8	6.2								6.8	17.0	1884.
		12.40	6.70			8.5	5.0								5.5	16.4	1885.
		12.14	8.00			11.2	5.3								6.5	16.7	1886
		12.01	7.90			10.9	4.7								3.0	17.7	1887.
		12.95	7.25			10.7	4.4				7.9				4.3	16.3	1888.
		11.30	8.23			10.4	4.7								6.7	16.8	1889.
		9.45	7.25		5.70	7.5	5.9				7.0				6.1	12.7	1890.
		16.45	9.99		7.55	11.7	5.7				7.4				6.5	17.9	1891.
		13.00	8.75		6.88	10.0	4.2				0.9			5.7	7.2	14.8	1892.
		12.22	7.45		8.21	10.6	4.2				12.1			7.5	9.5	13.5	1893.
		14.14	8.62		8.21	12.6	6.6				8.3			12.0	5.5	16.3	1894.
		18.13	8.93		7.72	12.5	5.4		4.95		5.6				4.3	18.7	1895.
10.13		12.61	8.00		7.39	11.3	4.9		2.95		3.4				3.4	14.1	1896.
		12.91	8.75		8.32	11.7	4.3		2.60		5.6				3.4	11.5	1897.
		11.61	9.99		9.07	12.6	5.9	15.0	3.12		8.9				4.0	21.8	1898.
		12.39	8.05		8.49	12.5	4.6	14.8	2.73		8.5			11.9	6.4	21.5	1899.
		8.84	8.27		8.35	12.05	6.9	15.0	3.32		6.0			11.5	6.2	21.1	1900.
		14.80	10.01		7.50	12.20	6.7	14.7	3.15		4.7	10.7		7.1	5.1	16.6	1901.
		16.50	9.80		8.50	11.10	6.6	14.6	2.70		7.6	10.2		5.4	1.6	25.8	1902.
		12.40	8.70		8.60	8.40	6.5	15.4	2.55		8.2	11.6			9.0	23.0	1903.
		11.00	6.40		8.50	11.50	5.3	15.3	4.90		8.4	8.4		7.9	5.8	23.8	1904.
		14.60	9.70		6.70	10.80	5.0	16.1	3.00		6.5	9.1		4.3	7.5	29.6	1905.
		15.00	10.05		8.20	12.20	7.0	16.6	3.39		7.5			7.4	7.5	18.3	1906.
		10.30	9.40		7.30	13.70	6.4	16.6	3.90		9.1	11.2		8.2	5.6	19.4	1907.
22.10		11.40	9.40		6.70	13.40	5.5	17.3	2.30		7.0	10.8		8.5	8.0	23.4	1908.
22.90		14.50	10.40		7.50	13.50	7.0	17.7	4.32		6.1	15.8	0.7	6.9	9.2	19.0	1909.
17.70	14.1	10.00	9.40		8.60	13.70	6.8	16.9	2.23		6.4	12.0	20.0	6.3	8.7	17.3	1910.
22.60		14.00	8.40		8.30	13.70	7.4	19.9	4.15		7.5				8.7	17.3	1911.
20.00		12.60	10.20		8.10	13.20	5.1	14.6	2.25		6.7				7.0	24.7	1912

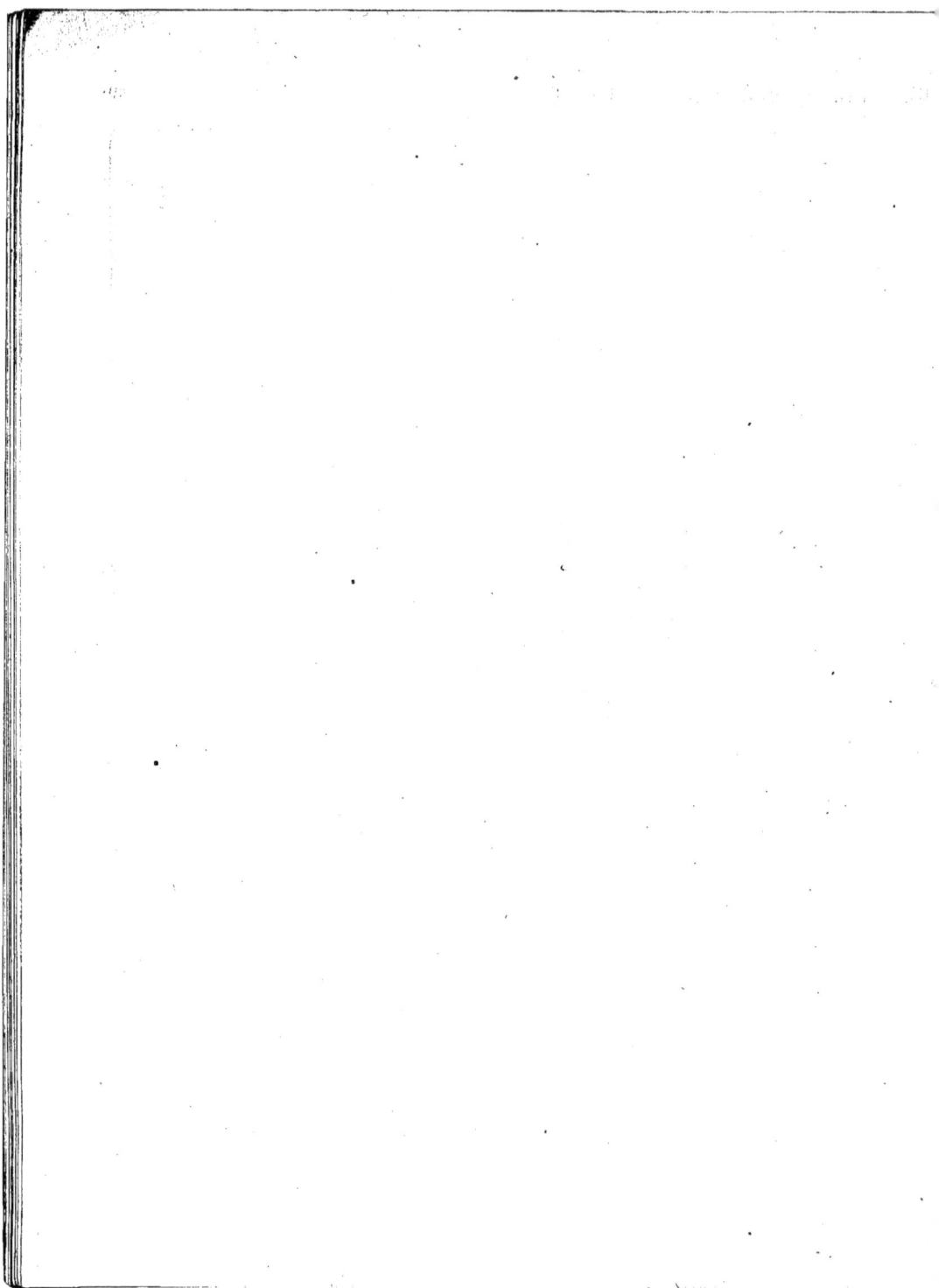

IIIe PARTIE.

PRIX MOYENS DU QUINTAL DE BLÉ EXPRIMÉS EN FRANCS.

TABLEAU RÉCAPITULATIF

des prix moyens de l'hectolitre et du quintal de froment pour la France pendant les années 1801-1912.

(Mercuriales.)

ANNÉES.	PRIX MOYENS DE L'HECTOLITRE.												PRIX moyens de l'année.	PRIX MOYENS du quintal
	JANVIER.	FÉVRIER.	MARS.	AVRIL.	MAI.	JUIN.	JUILLET.	AOÛT.	SEPTEMBRE.	OCTOBRE.	NOVEMBRE.	DÉCEMBRE.		
1	2	3	4	5	6	7	8	9	10	11	12	13	14	15
	fr. c.	fr. c.	fr. c.	fr. c.	fr. c.	fr. c.	fr. c.	fr. c.	fr. c.	fr. c.	fr. c.	fr. c.	fr. c.	fr. c.
1801	21 56	21 76	21 53	21 95	22 69	23 60	23 73	22 54	21 25	21 82	21 60	21 97	22 19	28 81
1802	22 80	23 47	24 22	25 20	26 70	28 42	25 95	25 03	24 00	25 02	25 30	25 62	25 14	32 64
1803	25 76	25 65	25 62	24 73	23 73	23 67	22 98	21 50	21 30	20 35	19 75	19 45	22 85	29 71
1804	19 19	18 97	18 95	18 47	17 97	16 94	18 16	19 05	18 42	17 87	18 09	18 23	18 36	23 84
1805	18 19	18 65	19 21	19 33	19 73	20 77	21 08	21 30	21 20	20 97	21 43	20 71	20 22	26 25
1806	20 89	20 70	20 69	20 72	20 80	20 05	19 71	19 60	19 18	19 34	19 24	19 08	20 00	25 97
1807	19 13	19 27	19 47	19 98	19 86	19 83	19 01	17 59	17 29	17 36	17 11	17 02	18 60	24 15
1808	16 99	17 32	17 67	17 79	17 59	17 42	16 78	16 11	15 60	15 56	15 71	15 54	16 67	21 64
1809	15 36	15 33	15 22	15 11	15 08	14 64	14 64	14 74	15 08	15 53	15 54	15 82	15 17	19 70
1810	16 37	16 97	17 35	17 81	18 12	19 41	19 98	20 87	21 73	23 56	25 18	25 74	20 26	26 31
1811	26 26	26 31	25 99	25 51	24 22	23 49	23 88	25 84	26 80	28 25	29 17	30 31	26 33	34 19
1812	31 76	33 93	36 43	41 72	40 21	35 95	33 66	33 39	27 42	28 21	28 60	29 59	33 00	42 85
1813	29 05	28 33	26 75	25 29	24 33	22 35	21 80	20 43	19 72	19 00	18 56	17 68	22 82	29 65
1814	16 13	16 63	17 43	18 51	18 57	17 61	16 65	17 77	18 30	18 54	18 37	18 41	17 73	23 02
1815	18 31	18 10	17 49	17 43	17 34	18 11	19 62	21 03	21 18	21 76	21 74	22 22	19 53	25 36
1816	22 24	23 46	25 18	27 02	27 62	29 01	30 02	29 23	28 57	30 26	32 86	33 69	28 31	36 76
1817	34 90	36 46	37 29	39 60	44 94	45 46	39 19	32 52	31 03	31 67	31 62	32 38	36 16	46 90
1818	30 37	28 02	26 28	25 21	22 68	23 57	24 78	24 87	23 80	22 98	21 90	21 39	24 65	32 01
1819	20 77	20 52	20 73	19 86	19 18	19 24	19 65	18 50	16 21	15 84	15 54	15 37	18 42	23 92
1820	15 44	16 58	17 76	18 61	20 49	20 93	19 79	19 26	19 93	19 91	20 33	20 54	19 13	25 51
1821	20 08	19 70	19 43	18 76	18 19	18 06	18 00	17 26	16 46	16 26	15 74	15 46	17 79	23 72
1822	15 37	15 19	14 69	14 72	14 90	14 88	16 29	16 00	15 75	15 78	15 99	16 34	15 49	20 06
1823	16 63	17 57	18 90	19 12	18 58	18 13	16 28	17 19	16 31	16 47	16 48	16 50	17 52	23 36
1824	16 58	16 66	16 71	16 96	16 66	16 47	16 31	15 77	15 36	15 51	15 76	15 82	16 22	21 63
1825	15 76	15 69	15 55	15 45	15 62	15 70	15 56	15 74	15 82	15 96	16 03	16 04	15 74	20 99
1826	16 02	15 97	15 76	15 66	15 94	16 07	15 71	15 73	15 50	15 66	15 91	16 22	15 85	21 14
1827	16 59	16 82	17 08	16 90	16 61	17 02	16 91	17 85	18 65	19 83	21 87	22 13	18 21	23 28
1828	22 33	22 55	22 61	22 45	21 43	21 22	21 46	21 50	21 41	22 02	22 08	22 08	22 03	29 38
1829	22 72	22 75	22 55	23 84	24 68	23 59	22 55	21 42	21 24	22 35	22 08	21 29	22 59	30 00
1830	21 51	21 67	21 60	22 07	22 81	22 87	.22 95	22 56	22 90	22 96	22 39	22 33	22 39	30 05
1831	22 08	22 12	21 73	21 42	21 72	22 48	22 81	22 50	22 22	22 22	21 94	21 90	22 10	29 95
1832	22 18	22 55	23 94	24 45	25 44	26 19	23 10	20 57	18 96	18 43	16 06	17 95	21 85	28 65
1833	17 89	17 65	17 31	16 88	16 44	17 20	17 24	16 29	15 93	15 71	15 48	15 34	16 62	21 80
1834	15 32	15 24	14 87	15 46	15 36	15 38	15 28	15 03	15 31	15 30	15 48	15 25	15 25	20 20
1835	15 53	15 63	15 79	15 71	15 56	15 38	15 16	14 65	14 44	14 52	15 21	15 17	15 25	20 16
1836	15 30	15 65	16 23	16 67	17 84	17 70	17 12	17 61	17 96	18 47	18 53	18 72	17 32	23 90
1837	18 95	18 89	18 75	18 77	15 96	19 01	15 54	17 87	17 87	18 15	18 26	18 29	15 53	24 57
1838	18 28	18 44	18 64	15 61	18 85	18 76	19 02	19 26	19 92	20 79	21 50	21 89	19 51	25 83

TABLEAU RÉCAPITULATIF

des prix moyens de l'hectolitre et du quintal de froment pour la France pendant les années 1801-1912.
(Mercuriales.) [Suite.]

ANNÉES.	PRIX MOYENS DE L'HECTOLITRE.												PRIX moyens de l'année.	PRIX MOYENS du quintal.
	JANVIER.	FÉVRIER.	MARS.	AVRIL.	MAI.	JUIN.	JUILLET.	AOÛT.	SEPTEMBRE.	OCTOBRE.	NOVEMBRE.	DÉCEMBRE.		
1	2	3	4	5	6	7	8	9	10	11	12	13	14	15
	fr. c.	fr. c.	fr. c.	fr. c.	fr. c.	fr. c.	fr. c.	fr. c.	fr. c.	fr. c.	fr. c.	fr. c.	fr. c.	fr. c.
1839	22 15	21 86	21 68	21 55	21 41	21 43	22 03	22 43	22 76	23 00	22 89	22 51	22 14	28 90
1840	22 54	22 50	23 27	24 37	24 14	23 94	22 86	20 85	19 78	19 60	19 11	19 14	21 84	28 40
1841	18 89	18 72	18 18	17 50	17 02	16 94	17 94	19 41	19 37	19 57	19 59	19 31	18 54	21 95
1842	19 29	19 27	18 92	18 86	18 92	19 67	19 43	19 84	20 14	20 29	20 02	19 70	19 55	25 43
1843	19 73	19 73	19 88	19 02	19 63	21 21	21 93	21 63	20 62	20 56	20 46	20 35	20 46	27 40
1844	20 29	20 45	20 94	21 01	20 80	20 72	19 76	19 00	18 75	18 66	18 31	18 25	19 75	25 90
1845	18 19	18 45	18 57	18 48	18 59	18 98	19 33	20 17	20 30	21 51	22 27	22 32	19 75	26 44
1846	22 36	22 65	22 42	22 26	22 48	22 93	22 92	24 00	24 90	25 97	27 59	28 01	24 05	31 70
1847	30 16	33 50	37 69	37 54	37 98	33 50	28 42	23 63	22 57	22 01	20 76	20 36	29 01	35 22
1848	20 01	19 34	18 12	16 59	16 58	15 88	15 67	15 53	15 80	15 68	15 33	15 22	16 65	21 53
1849	15 58	15 78	15 71	15 74	15 87	15 63	15 70	15 63	15 02	14 82	14 52	14 39	15 37	20 20
1850	14 40	14 30	14 15	14 02	14 24	14 12	13 89	14 54	14 93	14 69	14 34	14 08	14 32	19 12
1851	13 89	13 92	14 00	14 00	14 11	14 55	15 26	14 87	14 93	14 72	14 72	15 03	14 48	19 04
1852	16 80	17 32	17 60	17 22	16 90	16 86	16 23	17 10	17 22	17 63	17 74	18 13	17 23	23 28
1853	18 06	18 12	18 12	17 52	17 77	19 55	21 26	23 49	25 76	28 09	30 11	30 57	22 39	29 64
1854	31 76	30 93	30 17	29 98	30 45	32 05	30 29	28 86	24 85	25 97	26 49	26 81	28 82	35 31
1855	27 16	27 09	26 25	26 16	27 03	29 29	28 06	29 87	32 29	32 31	33 01	33 27	29 32	38 94
1856	31 99	30 24	29 62	27 83	30 29	33 03	33 93	32 74	30 53	30 45	29 78	28 66	30 75	40 47
1857	28 70	29 02	28 52	27 82	28 15	27 71	24 12	21 96	20 58	19 04	18 56	18 27	24 37	31 50
1858	17 95	17 60	17 41	16 64	16 60	16 88	17 55	16 79	16 26	15 01	15 71	15 68	16 75	21 57
1859	15 62	15 60	15 58	15 78	17 03	16 89	16 54	17 03	16 97	17 65	17 92	18 21	16 74	22 26
1860	18 20	18 51	18 90	19 62	20 27	21 53	20 39	20 79	20 48	21 34	21 55	21 49	20 24	26 85
1861	22 31	22 61	23 13	23 18	23 73	23 57	23 38	25 32	27 21	26 97	26 57	26 55	24 55	32 36
1862	26 25	25 93	25 37	23 90	23 39	22 62	23 26	23 00	22 16	21 40	21 04	20 61	23 24	30 50
1863	20 74	20 93	20 91	20 71	20 47	21 05	20 60	19 49	18 74	18 18	17 53	17 76	19 78	25 55
1864	17 76	18 15	18 12	18 20	18 35	18 60	18 16	17 35	16 57	16 67	16 45	16 23	17 55	23 54
1865	16 10	16 20	16 45	16 65	16 36	16 29	16 34	16 64	16 26	16 26	16 66	16 68	16 41	21 88
1866	16 60	16 63	16 70	16 81	17 22	18 64	19 08	21 43	21 96	22 69	22 81	24 02	19 61	26 33
1867	25 81	25 03	24 98	25 35	25 25	24 72	25 08	26 11	26 81	27 72	25 75	28 66	26 19	34 74
1868	29 01	30 72	31 68	32 35	31 14	27 70	26 11	23 00	22 27	22 27	21 92	21 37	26 64	34 69
1869	21 52	21 10	20 65	20 38	19 00	20 42	20 36	20 44	20 23	19 92	19 65	19 36	20 33	26 64
1870	19 13	19 08	19 10	19 29	20 29	23 22	22 80	21 66	19 52	19 61	20 05	22 12	20 56	26 70
1871	23 63	23 90	26 28	26 52	26 55	26 00	25 00	25 62	25 60	26 14	26 17	25 89	25 65	34 16
1872	25 50	24 86	23 71	23 28	24 02	24 23	22 75	21 50	21 31	21 92	22 10	22 16	23 15	30 58
1873	22 24	22 59	23 17	23 44	24 97	25 60	25 53	27 47	27 85	27 93	28 34	28 37	25 62	33 57
1874	28 69	28 80	28 72	28 89	29 54	29 85	26 51	21 44	20 08	17 92	19 41	19 36	25 11	32 66
1875	19 21	19 03	18 91	18 94	18 51	18 59	20 05	20 21	19 61	19 48	19 62	19 71	19 32	23 54
1876	19 55	19 65	20 02	20 47	21 34	21 10	19 75	20 60	20 98	21 13	21 33	21 56	20 59	26 59

TABLEAU RÉCAPITULATIF

des prix moyens de l'hectolitre et du quintal de froment pour la France pendant les années 1801-1912.

(Mercuriales.) [Suite.]

ANNÉES.	PRIX MOYENS DE L'HECTOLITRE.												PRIX moyens de l'année.	PRIX MOYENS du quintal.
	JANVIER.	FÉVRIER.	MARS.	AVRIL.	MAI.	JUIN.	JUILLET.	AOÛT.	SEPTEMBRE.	OCTOBRE.	NOVEMBRE.	DÉCEMBRE.		
1.	2	3	4	5	6	7	8	9	10	11	12	13	14	15
	fr. c.	fr. c.	fr. c.	fr. c.	fr. c.	fr. c.	fr. c.	fr. c.	fr. c.	fr. c.	fr. c.	fr. c.	fr. c.	fr. c.
1877	21 83	21 70	21 83	22 64	24 84	24 12	24 90	24 40	23 94	23 90	23 06	23 44	23 44	31 09
1878	23 14	23 32	23 35	24 20	24 10	23 60	23 09	23 34	22 79	22 02	21 41	21 10	23 00	29 96
1879	20 68	20 59	20 89	20 81	21 17	21 13	21 34	21 35	21 74	23 19	23 68	23 99	21 72	28 20
1880	24 20	24 26	24 21	23 97	24 20	24 39	23 42	21 70	20 61	20 86	21 13	21 26	22 85	29 96
1881	21 11	21 20	21 38	21 60	21 72	21 62	21 49	22 39	22 84	23 28	23 06	23 06	22 06	28 52
1882	23 12	23 14	23 19	23 14	23 20	23 28	23 11	21 42	19 77	19 31	19 23	19 34	21 77	27 69
1883	19 21	19 30	19 34	19 32	19 37	19 25	18 94	19 28	19 31	19 25	19 15	18 57	19 21	24 83
1884	18 82	18 57	18 62	18 61	18 21	18 66	18 65	17 79	16 83	16 62	16 69	16 62	17 89	23 10
1885	16 06	16 52	16 79	16 81	17 59	16 98	17 16	16 59	16 51	16 77	16 75	16 71	16 82	21 71
1886	16 70	16 81	17 02	17 18	17 20	17 21	17 24	17 06	16 91	16 84	16 81	16 71	16 07	22 84
1887	16 97	17 26	17 50	18 74	19 67	20 21	19 05	17 68	17 31	17 30	17 36	»	18 12	23 41
1888	18 15	18 82	18 87	18 88	19 00	18 75	19 00	19 30	18 94	19 12	19 00	18 71	18 87	24 79
1889	18 77	19 01	19 14	18 92	18 83	18 35	18 03	18 19	18 27	18 29	18 05	18 22	18 50	24 00
1890	18 61	18 89	18 96	19 08	19 40	19 76	20 28	19 17	18 02	18 61	18 59	18 80	19 07	24 98
1891	19 34	19 70	20 24	21 12	21 56	21 43	20 41	20 52	20 41	20 20	20 15	20 01	20 43	27 12
1892	19 71	19 55	19 53	19 09	18 93	18 79	18 04	17 65	17 23	17 33	17 07	16 94	18 32	23 59
1893	16 95	17 05	16 82	16 77	17 05	16 79	16 48	16 38	16 47	16 44	16 04	16 12	16 62	21 36
1894	16 18	16 32	16 20	16 04	15 72	15 61	15 74	15 33	14 80	14 43	14 48	14 43	15 47	19 85
1895	14 55	14 77	14 83	14 65	14 62	14 84	14 63	14 37	14 29	14 48	14 34	14 56	14 56	18 62
1896	14 40	14 45	14 44	14 45	14 55	14 87	14 85	14 43	14 22	14 57	15 43	15 91	14 72	19 20
1897	16 49	16 82	16 60	16 65	17 13	17 57	17 87	20 37	20 58	21 22	22 14	20 35	18 56	24 84
1898	22 24	22 50	23 40	23 33	24 00	22 59	20 24	17 47	16 95	17 03	16 95	17 50	20 36	25 47
1899	16 69	16 79	16 29	16 25	15 89	15 36	15 20	14 71	14 47	14 49	14 08	14 04	15 35	19 65
1900	14 21	14 62	14 72	14 68	14 06	14 58	14 58	14 47	14 63	14 69	14 69	14 83	14 63	19 08
1901	14 71	14 80	14 83	14 91	14 93	15 20	15 26	15 96	15 92	15 81	15 83	16 01	15 35	20 07
1902	16 27	16 38	16 34	16 41	17 09	17 65	16 67	16 14	16 16	16 40	16 36	16 54		21 45
1903	15 36	17 41	17 58	18 19	18 74	18 29	18 02	17 08	16 11	16 54	16 35	14 44	17 27	22 36
1904	15 96	16 43	16 61	16 55	16 17	15 58	15 61	16 28	17 36	17 51	17 72	17 79	16 63	21 33
1905	17 83	17 82	17 81	18 06	18 20	18 14	17 93	16 92	17 13	17 32	17 46	17 09	17 70	22 86
1906	17 87	17 86	17 84	17 81	17 94	17 80	17 51	17 45	17 50	17 71	17 91	17 88	17 78	22 83
1907	17 83	18 10	17 67	17 87	18 50	19 04	19 62	15 37	17 85	19 41	18 00	17 80	18 34	23 26
1908	17 90	17 82	17 73	17 73	17 42	17 15	17 14	17 48	17 45	17 43	17 48	17 37	17 51	22 90
1909	17 51	17 04	17 94	18 33	19 31	19 59	19 50	18 25	17 03	17 85	17 90	18 04	18 32	23 60
1910	18 27	18 63	18 77	18 86	18 93	18 60	19 42	20 32	20 56	20 71	20 27	20 82	19 51	25 36
1911	20 03	20 89	20 84	20 74	20 80	20 64	19 54	19 50	19 60	19 70	19 31	19 73	20 23	25 90
1912	20 39	20 74	20 97	22 09	23 00	24 20	23 58	21 55	»	»	»	»	»	»

COURS MOYEN DU QUINTAL DE BLÉ ET DE LA FARINE À PARIS.
COTE OFFICIELLE.

MOIS.	BLÉ DU MARCHÉ DE PARIS. (Les 100 kilogr.)											
1	1891. 2	1892. 3	1893. 4	1894. 5	1895. 6	1896. 7	1897. 8	1898. 9	1899. 10	1900. 11	1901. 12	1902. 13
	fr. c.	fr. c.	fr. c.	fr. c.	fr. c.	fr. c.	fr. c.	fr. c.	fr. c.	fr. c.	fr. c.	fr. c.
Janvier........	»	25 72	21 70	21 20	19 10	18 55	22 45	28 58	21 53	18 70	19 19	21 82
Février........	»	25 54	21 53	20 58	19 17	18 88	22 20	29 07	22 03	20 00	19 52	21 20
Mars..........	»	25 12	20 83	20 14	20 13	18 37	21 50	28 81	20 07	20 00	18 78	21 45
Avril..........	»	24 01	20 87	20 41	19 06	18 24	21 76	30 41	21 01	20 21	18 72	22 12
Mai...........	»	24 06	21 44	19 20	19 96	18 77	23 02	30 28	20 87	19 85	19 79	22 01
Juin..........	»	23 59	21 31	18 88	19 53	20 04	23 37	27 05	20 00	20 62	20 12	23 15
Juillet.........	»	22 58	20 77	18 77	18 61	19 28	24 07	23 90	20 23	20 23	21 05	24 15
Août..........	»	22 33	20 67	18 04	19 54	18 65	28 37	22 02	19 03	20 06	21 99	22 12
Septembre......	»	21 80	20 84	18 57	18 65	18 23	29 04	21 53	19 35	20 23	21 26	20 37
Octobre........	»	21 78	20 37	17 28	13 58	20 19	29 04	21 82	18 66	19 92	20 84	21 65
Novembre......	27 42	21 40	20 00	18 39	18 47	21 78	29 82	21 84	17 74	19 94	21 16	21 50
Décembre......	26 83	21 05	20 54	18 52	18 55	21 64	29 90	20 76	18 43	20 03	22 21	21 02

MOIS.	BLÉ DU MARCHÉ DE PARIS. (Les 100 kilog.)										BLÉ INDIGÈNE MARCHÉ LIBRE. (Les 100 kilogr.)	
14	1903. 15	1904. 16	1905. 17	1906. 18	1907. 19	1908. 20	1909. 21	1910. 22	1911. 23	1912. 24	1912. 25	26
	fr. c.	fr. c.	fr. c.	fr. c.	fr. c.	fr. c.	fr. c.	fr. c.	fr. c.	fr. c.	fr. c.	fr. c.
Janvier........	22 25	21 17	23 59	23 71	23 33	22 06	22 71	24 18	27 74	27 05	»	
Février........	23 93	21 88	23 15	24 02	23 31	22 06	23 13	24 48	27 09	27 05	»	
Mars..........	22 85	21 85	23 44	24 01	23 00	22 25	24 20	24 72	26 97	27 82	»	
Avril..........	24 47	22 23	23 75	23 85	22 87	22 78	25 04	25 34	26 40	30 02	»	
Mai...........	24 99	20 00	24 53	23 67	24 60	23 09	26 52	25 22	28 10	31 04	»	
Juin..........	24 62	20 24	23 97	23 03	23 60	21 81	26 42	25 06	26 77	31 16	33 06	
Juillet.........	25 10	21 08	24 73	24 24	27 24	22 38	25 92	26 30	24 85	»	32 61	
Août..........	22 38	22 35	22 77	22 90	24 41	22 77	24 21	28 11	24 94	»	28 00	
Septembre......	20 78	23 19	22 77	22 40	23 57	23 15	23 69	27 99	25 01	»	27 42	
Octobre........	21 23	23 57	23 01	23 28	23 87	22 87	23 21	26 03	24 99	»	21 82	
Novembre......	20 83	23 69	23 13	23 10	23 00	22 75	23 55	27 65	25 07	»	»	
Décembre......	20 96	23 85	23 34	23 44	22 26	22 42	23 50	27 83	25 40	»	»	

COURS MOYEN DU QUINTAL DE BLÉ ET DE LA FARINE À PARIS. (Suite.)

COTE OFFICIELLE.

MOIS.	FARINES HUIT MARQUES. SAC DE 157 KILOGRAMMES.								FARINES SUPÉRIEURES. SAC DE 157 KILOGRAMMES.		
1	1874. 2	1875. 3	1876. 4	1877. 5	1878. 6	1879. 7	1880. 8	1881. 9	1874. 10	1875. 11	1876. 12
	fr. c.	fr. c.	fr. c.	fr. c.	fr. c.	fr. c.	fr. c.	fr. c.	fr. c.	fr. c.	fr. c.
Janvier	»	53 52	56 70	63 50	69 59	59 57	69 75	61 06	»	52 01	54 85
Février	»	51 93	57 41	60 35	65 61	58 86	65 39	61 47	»	49 07	54 58
Mars	»	52 31	58 98	58 77	66 32	60 14	66 85	62 75	»	50 21	56 50
Avril	»	53 23	60 00	63 03	67 83	60 38	64 57	63 23	»	50 91	57 23
Mai	»	53 41	62 80	69 01	68 01	59 10	66 80	63 88	»	50 43	60 38
Juin	»	55 85	62 75	65 79	65 14	59 04	65 02	65 48	»	52 05	60 59
Juillet	»	60 10	57 54	68 58	63 83	60 24	62 13	67 01	»	56 87	56 43
Août	»	62 33	58 24	68 66	66 85	61 70	60 83	70 40	»	59 67	56 42
Septembre	»	60 46	58 71	71 01	67 55	63 58	56 92	71 75	»	57 55	56 97
Octobre	»	59 91	60 10	69 55	63 72	71 14	59 36	»	»	57 02	57 57
Novembre	54 23	58 95	60 75	69 45	61 43	71 70	69 39	»	52 65	56 04	58 08
Décembre	54 09	58 62	63 49	69 19	59 99	71 89	63 84	»	52 93	56 33	60 22

MOIS.	FARINES SUPÉRIEURES. (Suite.) SAC DE 157 KILOGRAMMES. [Suite.]				SAC DE 100 KILOGS.		FARINES NEUF MARQUES. SAC DE 157 KILOGRAMMES.				
13	1877. 14	1878. 15	1879. 16	1880. 17	1880. 18	1881. 19	1881. 20	1882. 21	1883. 22	1884. 23	24
	fr. c.	fr. c.	fr. c.	fr. c.	fr. c.	fr. c.	fr. c.	fr. c.	fr. c.	fr. c.	fr. c.
Janvier	59 77	60 22	54 23	69 82	»	39 16	»	63 56	57 93	48 26	
Février	57 40	63 19	56 91	65 41	»	39 20	»	63 86	59 64	48 64	
Mars	59 63	61 33	55 04	68 03	»	39 13	»	61 74	56 76	48 66	
Avril	61 73	65 57	56 79	64 86	»	39 13	»	62 72	56 34	45 89	
Mai	66 27	64 40	56 90	66 27	»	39 12	»	62 92	57 21	46 08	
Juin	62 55	61 56	57 02	66 18	»	40 40	»	62 35	57 96	47 55	
Juillet	66 37	61 85	58 06	62 79	»	40 49	»	61 89	56 06	47 21	
Août	67 10	63 81	59 76	61 13	»	41 77	»	62 66	57 84	44 50	
Septembre	60 06	61 32	61 45	»	36 63	42 25	66 08	58 27	56 33	44 52	
Octobre	67 60	61 73	69 21	»	35 31	»	67 90	57 81	55 55	45 38	
Novembre	67 00	60 25	70 54	»	39 06	»	65 09	57 42	53 45	45 25	
Décembre	66 51	59 81	71 84	»	39 93	»	65 55	61 66	53 68	44 39	

COURS MOYEN DU QUINTAL DE BLÉ ET DE LA FARINE À PARIS. (Suite.)

COTE OFFICIELLE.

MOIS.	FARINES DOUZE MARQUES. SAC DE 157 KILOGRAMMES.														
	1885.	1886.	1887.	1888.	1889.	1890.	1891.	1892.	1893.	1894.	1895.	1896.	1897.	1898.	1899.
1	2	3	4	5	6	7	8	9	10	11	12	13	14	15	16
	fr. c.	fr. c.	fr. c.	fr. c.	fr. c.	fr. c.	fr. c.	fr. c.	fr. c.	fr. c.	fr. c.	fr. c.	fr. c.	fr. c.	fr. c.
Janvier...........	45 04	49 85	52 83	51 30	58 25	52 96	59 60	55 52	49 50	44 46	43 60	40 37	47 64	60 32	45 37
Février...........	46 43	47 80	51 61	51 99	56 96	52 49	60 03	51 76	48 11	43 11	43 81	41 09	46 88	62 13	45 08
Mars..............	47 30	47 27	52 40	52 20	56 25	53 01	60 92	53 68	46 65	42 29	42 93	40 75	44 99	62 73	43 15
Avril.............	47 15	47 80	53 90	53 60	53 65	54 12	64 96	51 40	46 34	43 40	41 65	40 03	44 48	64 71	42 90
Mai...............	47 58	46 81	56 75	52 65	52 80	53 96	63 25	52 74	46 92	39 04	43 97	39 27	45 32	65 82	43 37
Juin..............	46 72	46 77	57 28	52 32	54 43	55 30	63 07	52 90	46 06	40 05	45 08	40 15	45 53	59 89	43 15
Juillet...........	46 75	46 88	54 03	53 78	52 81	58 00	59 33	51 30	44 09	42 04	42 44	38 30	49 07	55 07	44 09
Août..............	44 18	49 75	47 13	58 42	53 81	58 80	61 53	51 33	44 32	43 14	42 11	39 37	57 71	53 76	42 60
Septembre	48 46	49 40	48 13	60 01	54 23	60 27	60 97	51 24	44 51	40 65	42 31	42 25	60 36	49 50	»
Octobre...........	47 96	50 70	48 37	63 65	52 66	58 89	60 23	51 84	43 05	39 47	43 39	42 44	61 09	47 66	»
Novembre..........	47 28	50 76	49 37	61 00	50 83	58 18	60 50	48 61	42 27	41 48	41 80	46 46	62 22	47 35	»
Décembre..........	46 89	52 96	50 92	60 14	53 39	58 94	58 31	47 90	43 81	42 14	41 18	46 51	61 70	45 38	»

MOIS.	FARINE-FLEUR DE PARIS. SAC DE 100 KILOGRAMMES.														
	1899.	1900.	1901.	1902.	1903.	1904.	1905.	1906.	1907.	1908.	1909.	1910.	1911.	1912.	
17	18	19	20	21	22	23	24	25	26	27	28	29	30	31	32
	fr. c.	fr. c.	fr. c.	fr. c.	fr. c.	fr. c.	fr. c.	fr. c.	fr. c.	fr. c.	fr. c.	fr. c.	fr. c.	fr. c.	fr. c.
Janvier...........	»	24 65	24 73	27 73	29 27	29 23	31 01	30 70	26 34	30 16	29 46	31 95	37 10	33 21	
Février...........	»	26 20	25 04	26 65	31 02	30 07	29 83	30 10	29 77	29 64	30 38	32 97	30 56	33 80	
Mars..............	»	26 02	23 91	26 36	30 33	29 20	29 70	30 24	29 30	30 19	30 96	33 35	35 59	34 67	
Avril.............	»	26 80	23 58	26 83	32 77	28 42	30 11	30 52	29 56	29 32	32 07	32 44	35 11	36 51	
Mai...............	»	26 21	24 97	26 75	33 53	27 50	31 24	30 51	31 88	29 70	33 72	31 17	36 27	37 96	
Juin..............	»	27 85	23 28	29 02	33 87	27 38	30 96	30 25	33 04	28 61	33 77	31 71	34 66	41 27	
Juillet...........	»	26 68	26 63	30 10	32 76	28 87	31 03	31 47	31 40	29 23	33 49	34 54	32 88	41 61	
Août..............	»	25 93	27 96	30 26	30 58	30 02	29 09	31 11	33 46	31 06	33 32	38 33	32 49	40 06	
Septembre	26 02	26 05	27 37	28 74	30 14	30 96	30 01	29 97	32 42	30 78	31 80	37 43	31 80	36 66	
Octobre...........	24 69	25 50	26 76	30 75	30 82	31 07	31 34	31 38	31 98	29 89	29 97	37 93	31 77	37 75	
Novembre..........	23 81	25 78	26 88	29 88	29 56	31 35	31 11	31 24	31 22	29 79	30 65	37 56	31 62	»	
Décembre..........	24 15	25 93	27 80	28 41	28 37	31 46	30 98	29 57	30 21	29 24	31 11	37 67	31 66	»	

ROYAUME-UNI DE GRANDE-BRETAGNE ET D'IRLANDE.

TABLEAU COMPARATIF

DU PRIX MOYEN ANNUEL DU QUINTAL DE BLÉ EN FRANCS.

ANNÉES.	PRIX MOYEN annuel.	ANNÉES.	PRIX MOYEN annuel.	ANNÉES.	PRIX MOYEN annuel.	ANNÉES.	PRIX MOYEN annuel.	ANNÉES.	PRIX MOYEN annuel.
1	2	3	4	5	6	7	8	9	10
	fr. c.		fr. c.		fr. c.		fr. c.		fr. c.
1770...........		1801...........	65 85	1831...........	36 65	1861...........	31 50	1891...........	20 40
1771...........	26 75	1802...........	38 05	1832...........	32 35	1862...........	30 53	1892...........	16 67
1772...........	28 80	1803...........	32 00	1833...........	29 15	1863...........	24 65	1893...........	14 50
1773...........	28 98	1804...........	29 70	1834...........	25 45	1864...........	22 15	1894...........	13 15
1774...........	29 90	1805...........	49 50	1835...........	21 70	1865...........	22 05	1895...........	12 70
1775...........	27 05	1806...........	43 60	1836...........	26 75	1866...........	27 50	1896...........	14 40
1776...........	21 70	1807...........	41 50	1837...........	30 35	1867...........	35 50	1897...........	16 60
1777...........	25 85	1808...........	44 85	1838...........	33 60	1868...........	35 15	1898...........	18 75
1778...........	23 85	1809...........	53 65	1839...........	35 95	1869...........	26 55	1899...........	14 15
1779...........	19 10	1810...........	56 65	1840...........	36 65	1870...........	25 40	1900...........	14 85
1780...........	20 25	1811...........	52 50	1841...........	35 45	1871...........	31 25	1901...........	14 75
1781...........	25 35	1812...........	69 70	1842...........	31 55	1872...........	31 40	1902...........	15 50
1782...........	27 15	1813...........	60 50	1843...........	27 60	1873...........	33 40	1903...........	14 75
1783...........	29 90	1814...........	40 95	1844...........	28 25	1874...........	30 70	1904...........	15 60
1784...........	27 75	1815...........	36 15	1845...........	27 60	1875...........	24 90	1905...........	20 03
1785...........	23 75	1816...........	43 25	1846...........	30 15	1876...........	25 45	1906...........	15 60
1786...........	22 05	1817...........	53 40	1847...........	35 45	1877...........	31 30	1907...........	16 85
1787...........	23 40	1818...........	47 55	1848...........	27 85	1878...........	25 60	1908...........	17 60
1788...........	25 55	1819...........	41 15	1849...........	24 40	1879...........	23 75	1909...........	20 35
1789...........	29 05	1820...........	36 95	1850...........	22 20	1880...........	24 45	1910...........	17 65
1790...........	30 20	1821...........	30 90	1851...........	21 20	1881...........	25 00	1911...........	17 45
1791...........	26 75	1822...........	24 45	1852...........	22 10	1882...........	24 83		
1792...........	23 70	1823...........	29 40	1853...........	29 35	1883...........	22 95		
1793...........	27 15	1824...........	33 25	1854...........	30 90	1884...........	19 65		
1794...........	28 80	1825...........	37 75	1855...........	41 15	1885...........	17 70		
1795...........	41 45	1826...........	32 35	1856...........	38 10	1886...........	17 10		
1796...........	43 25	1827...........	32 24	1857...........	31 05	1887...........	17 90		
1797...........	29 50	1828...........	33 30	1858...........	24 35	1888...........	17 10		
1798...........	28 15	1829...........	36 50	1859...........	23 20	1889...........	21 00		
1799...........	38 05	1830...........	33 50	1860...........	29 35	1890...........	17 60		
1800...........	62 35								

PRIX MOYENS MENSUELS DU BLÉ À LIVERPOOL DE 1892 À 1912

exprimés en francs par quintal.

MOIS.	1892.	1893.	1894.	1895.	1896.	1897.	1898.	1899.	1900.	1901.	1902.
	2	3	4	5	6	7	8	9	10	11	12
	fr. c.	fr. c.	fr. c.	fr. c.	fr. c.	fr. c.	fr. c.	fr. c.	fr. c.	fr. c.	fr. c.
Janvier	22 10	16 20	14 50	12 75	15 45	16 30	20 50	16 30	16 30	16 90	17 05
Février	21 70	16 20	14 15	12 30	15 55	17 30	22 45	15 85	16 55	16 55	16 95
Mars	21 80	15 50	13 65	12 95	15 30	17 00	21 80	15 05	16 70	16 50	17 00
Avril	20 90	15 60	13 55	13 90	15 35	16 45	24 35	15 45	17 70	16 45	17 20
Mai	19 45	16 00	12 60	15 40	15 40	16 30	29 90	16 45	16 15	16 35	17 55
Juin	19 85	15 60	12 30	15 65	15 15	15 85	24 45	16 60	17 25	16 00	16 95
Juillet	19 45	15 75	12 45	14 60	14 50	17 15	18 30	15 65	17 25	15 50	17 30
Août	17 40	15 15	11 60	15 00	14 25	20 95	16 90	15 30	16 70	15 75	17 25
Septembre	16 45	15 35	11 70	13 75	15 40	21 95	16 05	16 10	17 20	15 40	16 45
Octobre	16 80	14 90	11 40	14 20	18 05	20 95	16 95	16 30	16 70	15 75	16 20
Novembre	16 35	14 40	12 55	14 35	18 85	20 85	16 95	15 85	16 55	16 05	16 20
Décembre	15 85	14 85	13 80	14 20	18 85	20 75	16 50	15 55	16 80	17 15	16 75

MOIS.	1903.	1904.	1905.	1906.	1907.	1908.	1909.	1910.	1911.	1912.	
	13	14	15	16	17	18	19	20	21	22	23
	fr. c.	fr. c.	fr. c.	fr. c.	fr. c.	fr. c.	fr. c.	fr. c.	fr. c.	fr. c.	fr. c.
Janvier	17 20	16 60	19 95	18 65	17 40	21 60	21 95	23 55	20 40	20 95	
Février	17 25	17 15	22 00	18 30	18 00	20 15	23 10	23 25	20 00	21 80	
Mars	17 15	17 75	21 25	17 75	16 00	19 75	23 50	22 85	20 90	22 70	
Avril	16 95	17 60	19 25	18 00	17 30	19 55	21 65	22 50	19 95	23 25	
Mai	17 20	17 05	18 30	17 85	18 30	20 05	25 70	20 00	20 15	23 25	
Juin	17 25	16 50	18 35	17 55	19 50	20 30	25 55	19 25	19 80	23 15	
Juillet	16 65	16 90	18 45	17 50	20 95	20 55	26 45	21 80	20 15	23 85	
Août	17 25	20 05	18 30	17 30	19 90	20 90	21 40	22 65	19 80	22 35	
Septembre	17 20	20 60	17 95	17 55	21 55	21 45	22 15	22 05	20 15	21 90	
Octobre	16 90	20 95	18 15	18 00	24 20	21 40	22 00	21 95	20 60	22 25	
Novembre	16 80	21 40	18 50	17 75	24 25	21 90	22 75	20 00	20 05		
Décembre	16 70	19 50	18 30	17 70	24 15	21 90	23 40	20 05	20 40		

8.

PRIX MOYEN ANNUEL, EN FRANCS, DU QUINTAL DE BLÉ
DANS DIVERS PAYS DU MONDE.

ANNÉES.	ALLEMAGNE.															AUTRICHE-HONGRIE.		
	BERLIN.	BRESLAU.	COLOGNE. Blé indigène.	DANTZICK.	FRANCFORT-SUR-LE-MEIN.	HAMBOURG. Blé indigène.	HAMBOURG. Blé Pacé.	HAMBOURG. Blé La Plata.	KOENIGSBERG.	LEIPZICK.	LINDAU.	MAGDEBOURG.	MANHEIM.	MUNICH.	POSEN.	VIENNE.	CZERNOWITZ.	LEMBERG.
1	2	3	4	5	6	7	8	9	10	11	12	13	14	15	16	17	18	19
	fr. c.	fr. c.	fr. c.	fr. c.	fr. c.	fr. c.	fr. c.	fr. c.	fr. c.	fr. c.	fr. c.	fr. c.	fr. c.	fr. c.	fr. c.	fr. c.	fr. c.	fr. c.
1850																20 45		
1851																21 60		
1852																23 80		
1853																26 35		
1854																40 95		
1855																42 90		
1856																36 95		
1857																23 60		
1858																21 65		
1859																22 20		
1860																29 25		
1861																29 60		
1862																25 85		
1863																23 85		
1864																23 55		
1865																21 00		
1866																31 85		
1867																»		
1868																30 90		
1869																25 75		
1870																20 55		
1871																33 50		
1872																31 80		
1873																42 35		
1874																37 90		
1875																28 95		
1876																41 35		
1877																48 40		
1878																27 95		
1879																28 35		
1880	27 25	25 35	29 25	26 20	29 05				25 75	25 75	32 05	27 05	30 90	29 20	25 90	31 60	32 50	38 20
1881	27 45	25 80	29 60	26 30	30 25				26 10	29 15	32 40	27 00	31 20	29 90	25 95	31 50	31 90	35 80
1882	25 50	23 05	28 35	24 55	29 50				24 50	26 75	30 20	26 40	29 65	25 95	24 00	27 80	28 10	35 60
1883	24 50	19 35	25 55	22 65	23 65				22 05	21 90	26 40	23 40	»	22 70	21 00	32 75	26 45	31 80
1884	20 25	19 60	22 50	19 65	23 45				20 50	22 05	26 20	21 50	23 15	22 10	21 10	32 75	26 45	31 80
1885	20 10	18 25	21 70	17 90	22 65				19 05	20 90	24 50	20 65	23 40	22 00	19 45	22 75	21 05	29 25
1886	18 00	17 70	20 05	17 35	21 75				19 20	20 35	25 45	19 85	23 65	23 55	18 75	25 00	24 95	30 20
1887	23 40	19 15	21 45	17 65	22 50				19 90	21 25	25 20	20 80	23 75	23 75	19 90	22 65	23 80	28 60
1888	21 55	20 65	22 70	16 90	23 50				20 75	22 00	25 85	22 20	25 75	24 25	20 95	20 90	20 45	28 30
1889	23 40	21 75	24 50	17 15	24 65				22 10	23 35	27 50	23 40	26 40	24 65	21 85	21 70	23 90	29 25
1890	24 40	23 15	25 80	18 15	26 15				23 25	23 00	29 15	24 05	27 30	26 65	23 20	22 35	24 85	28 60
1891	28 05	27 15	29 10	22 25	29 20	28 20	»		27 70	28 50	32 25	26 80	30 15	29 05	27 65	26 50	31 20	33 40
1892	22 10	22 60	23 95	19 80	24 35	22 35	»		22 95	23 55	29 65	22 10	25 55	25 70	23 40	22 00	28 70	29 25
1893	18 00	17 75	20 50	15 70	20 45	19 60	14 50	13 25	17 85	19 40	23 40	16 10	18 85	19 45	16 25	15 65	14 15	18 55
1894	17 00	16 15	17 55	12 85	17 90	16 90	13 00	11 75	15 85	16 05	23 40	16 10	18 85	19 45	16 25	15 65	14 90	19 10
1895	17 80	17 50	»	13 50	18 80	17 25	13 90	13 15	18 35	19 70	23 25	18 25	21 05	21 80	19 15	16 55	15 45	19 95
1896	19 55	18 90	»	14 75	20 25	19 10	»		18 35	19 70	27 00	»	24 35	23 40	»	22 00	19 45	24 55
1897	21 65	20 30	»	16 40	22 15	21 25	19 60	»	20 95	20 25	27 00	»	24 35	23 40	»	22 00	19 45	24 55
1898	23 30	21 05	»	18 60	25 00	23 15	21 10	20 00	22 80	23 65	30 00	»	26 15	26 30	»	26 35	21 75	27 70
1899	19 40	18 00	»	14 65	20 35	19 00	»	15 25	18 90	19 35	26 05	»	22 40	22 35	»	21 30	18 10	23 75
1900	18 95	17 15	»	»	20 20	19 30	17 15	16 15	17 95	18 25	24 55	»	22 20	22 50	»	15 35	16 50	21 05
1901	20 45	19 50	20 70	»	21 15	20 50	16 55	15 30	19 35	20 70	24 25	»	22 10	23 25	»	18 65	16 50	21 10
1902	19 90	19 90	20 45	16 00	21 00	20 40	16 70	»	19 85	20 50	24 00	»	21 75	22 90	»	20 10	17 15	21 95
1903	20 15	18 60	20 50	15 85	20 60	19 30	17 05	16 45	18 95	19 15	23 30	15 60	22 00	21 50	19 10	18 65	16 00	20 70
1904	21 80	21 10	21 75	»	22 05	21 35	»	18 10	19 05	21 50	23 10	20 25	23 00	23 35	21 15	21 90	18 95	23 40
1905	21 85	20 30	21 75	16 40	22 75	21 65	15 15	18 10	20 60	21 60	24 45	20 15	23 55	23 90	20 95	21 15	17 85	24 10
1906	22 45	21 00	22 15	»	23 05	22 45	17 95	17 85	21 00	21 60	24 70	20 50	24 55	24 10	21 30	23 70	21 40	25 40
1907	25 80	24 75	25 10	»	26 15	25 30	»	21 00	24 80	25 05	29 15	24 75	27 05	27 55	25 50	23 70	21 40	25 40
1908	26 40	25 10	25 90	»	26 40	25 05	»	21 25	22 80	23 65	30 15	25 40	26 30	»	»	26 35	23 20	20 80
1909	29 20	27 80	25 80	23 10	29 05	28 80	»	24 05	27 50	28 85	33 00	26 65	31 50	30 65	27 90	32 05	27 65	»
1910	26 40	23 95	26 10	19 15	20 60	24 15	20 70	19 95	25 30	25 70	29 30	25 50	28 55	27 75	24 70	27 40	24 10	»
1911	25 40	23 10	25 60	24 70	26 10	25 15	19 95	20 40	24 30	24 85	29 00	24 65	27 90	27 65	33 95	27 55	24 25	»

PRIX MOYEN ANNUEL, EN FRANCS, DU QUINTAL DE BLÉ
DANS DIVERS PAYS DU MONDE. (Suite.)

ANNÉES.	AUTRICHE-HONGRIE. (Suite.)				BELGIQUE.		BUL-GARIE.	DANE-MARK.	ITALIE.	LUXEM-BOURG.	NORWÈGE.				PAYS-BAS.	
	LINZ.	PRAGUE.	BUDA-PESTH.	TRIESTE.	MOYENNE générale.	ANVERS.	MOYENNE générale.	MOYENNE générale.	MOYENNE générale.	MOYENNE générale.	MOYENNE générale.	CHRISTIANA.	HAMAR.	BERGEN.	MOYENNE générale.	AMSTERDAM.
1	2	3	4	5	6	7	8	9	10	11	12	13	14	15	16	17
	fr. c.	fr. c.	fr. c.	fr. c.	fr. c.	fr. c.	fr. ç.	fr. c.	fr. c.	fr. c.	fr. c.	fr. c.	fr. c.	fr. c.	fr. c.	fr. c.
1850					21 00					16 60						
1851					21 65					19 05						
1852					26 15					25 35						
1853					32 50			24 55		30 60						
1854					40 90					38 35						
1855					43 15					41 40						
1856					40 00					38 35						
1857					29 90					28 55						
1858					23 50			20 50		23 25						
1859					24 00					22 70						
1860					31 15					30 80						
1861					33 65					32 60						
1862					31 50					31 70						
1863					27 00			19 80		27 25						
1864					23 90					24 40						
1865					23 10					21 00						
1866					28 00					26 00						
1867					36 90					34 75					37 00	
1868					35 25			25 20		32 00					34 45	
1869					27 60					25 15					27 60	
1870					29 35					31 05					27 70	
1871					36 25				32 45	37 60					32 60	
1872					33 40				34 75	32 75					32 50	
1873				33 15	35 50			25 90	35 55	35 30					34 60	
1874				20 60	33 00				39 20	33 25					32 05	
1875				22 15	26 25				29 10	25 05					25 45	
1876				23 10	28 00			25 20	30 20	25 90					26 75	
1877				25 25	32 60			23 20	35 15	31 10					29 75	
1878				21 35	28 75			20 15	32 85	28 00					27 50	
1879				23 50	27 25			23 75	32 80	27 25					25 90	
1880	32 60	31 75	30 55	26 80	28 50			22 95	33 70	30 85					28 50	
1881	30 22	31 25	36 30	27 60	28 50			23 60	28 00	30 50					28 20	
1882	29 00	28 95	35 30	23 90	27 15			20 50	27 05	29 25					27 10	
1883	25 80	24 55	34 40	21 60	24 50			19 65	24 50	25 15					23 85	
1884	21 35	26 10	22 65	19 10	22 00			16 70	23 05	23 50					22 40	
1885	19 70	24 55	29 65	17 15	19 90			15 30	22 30	23 40					18 05	14 65
1886	21 40	24 15	22 60	16 95	18 95			15 65	22 85	21 80	24 90				18 45	12 95
1887	21 45	21 00	21 95	16 50	19 10			15 90	22 80	23 15	24 50				»	11 65
1888	18 50	22 00	27 10	15 20	19 50			16 65	22 85	24 15	25 25				17 55	11 60
1889	18 45	21 95	20 70	17 10	18 50			16 15	24 35	23 75	26 15				17 95	12 95
1890	20 70	22 05	20 65	18 10	19 75		13 50	16 15	23 95	25 60	26 15				18 90	18 70
1891	26 50	27 40	23 05	21 90	19 05			13 05	15 20	25 30	26 00				18 40	21 20
1892	23 30	26 00	31 55	19 40	15 45			15 20	25 30	25 55	26 70				14 00	15 50
1893	»	»	»	16 40	18 05	14 60		14 10	22 00	22 10	22 55				12 30	14 45
1894	14 85	17 15	15 25	14 40	20 55	11 30		11 45	19 65	20 20	18 05				12 00	11 40
1895	15 35	16 25	15 60	14 55	13 95	12 90	10 05	12 45	21 25	10 15	18 05				12 95	12 30
1896	16 85	17 70	16 70	15 50	15 45	13 85	11 70	15 50	23 05	20 40	20 75				14 90	13 05
1897	21 35	21 85	22 45	22 00	18 05	18 75	15 35	17 15		23 15	24 35				19 85	17 20
1898	23 05	23 15	24 35	24 90	20 55	18 80	17 20	15 75		26 85					14 80	18 20
1899	21 95	20 50	21 20	19 35	16 20	16 30	16 35	14 15		20 85					13 95	15 70
1900	17 70	18 15	18 40	15 00	16 25	16 30	15 50	14 15		20 95					15 10	15 90
1901	17 60	18 75	18 75	16 60	16 30	16 25	14 65	15 65		21 55					15 80	16 00
1902	18 60	19 40	19 65	17 90	16 35	16 10	14 45	14 00							14 35	»
1903	17 05	17 85	18 40	16 60	16 25	16 00	13 50	14 50							14 90	15 90
1904	19 80	20 90	21 30	19 75	17 35	17 50	13 40	15 75							16 15	17 60
1905	19 80	21 10	19 05	19 00	17 65	17 75	14 25	16 60				15 55	16 90	20 30	16 80	19 00
1906	17 60	18 20	18 05	16 65	17 00	16 25	14 00	15 00				15 05	16 95	21 45	15 70	17 90
1907	20 00	21 75	21 40	21 40	20 00	19 25	15 50	19 75				16 20	17 85	20 70	18 25	20 00
1908	24 40	25 40	27 10	25 50	21 00	21 90	19 80	17 75				18 65	19 95	24 45		19 00
1909	28 95	30 65	31 65	30 75	»		23 90	20 55				18 35	19 60	24 57	16 80	
1910	23 05	24 70	26 20	»	»			18 15				17 80	18 85	23 15		
1911	24 05	26 20	28 00	»	»											

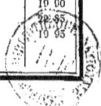

PRIX MOYEN ANNUEL, EN FRANCS, DU QUINTAL DE BLÉ
DANS DIVERS PAYS DU MONDE. (Suite.)

ANNÉES	RUSSIE									SERBIE	SUÈDE	SUISSE		
	SAINT-PÉTERSBOURG	ODESSA	TAGANROG	NOVOROSSISK	NICOLAIEW	RIGA	ROSTOW-SUR-DON	SAMARA	SARATOW	MOYENNE générale	MOYENNE générale	MOYENNE générale	BERNE Blé renne.	BERNE Blé indigène.
1	2	3	4	5	6	7	8	9	10	11	12	13	14	15
	fr. c.	fr. c.	fr. c.	fr. c.	fr. c.	fr. c.	fr. c.	fr. c.	fr. c.	fr. c.	fr. c.	fr. c.	fr. c.	fr. c.
1850														
1851												21 00		
1852														
1853		9 45	6 15											
1854														
1855												36 00		
1856														
1857														
1858		11 25	13 40											
1859														
1860												32 75		
1861	18 90	14 60	13 40											
1862	18 40	12 40	13 25											
1863	16 90	11 90	11 90							11 30				
1864	11 25	11 90	11 75							11 25				
1865	14 10	12 00	12 00							9 70		23 50		
1866	18 60	17 40	15 60							12 70				
1867	22 40	19 10	18 10							14 50				
1868	20 40	19 75	17 10							12 75				
1869	18 75	15 90	14 25							11 25				
1870	16 60	15 60	14 40							12 60		31 50		
1871	19 90	17 60	15 10							16 55				
1872	22 25	17 40	16 40							22 15				
1873	22 25	20 75	19 40							21 65				
1874	24 40	17 60	18 10							17 80				
1875	20 75	16 10	15 25							13 90		30 00		
1876	18 75	17 25	14 75							15 35				
1877	21 60	15 40	15 75							15 50				
1878	21 10	20 10	19 40							17 55				
1879	22 75	22 60	23 90							16 70				
1880	23 40	21 60	26 60							19 55		29 50		
1881	26 90	23 75	24 60							17 75		30 75		
1882	22 90	22 60	19 75							15 98		29 75		
1883	21 60	21 90	17 10							13 60		20 00		
1884	18 75	18 10	16 60							14 75		21 25		
1885	17 25	16 40	15 25							12 85		21 25		
1886	18 75	18 40	18 40							15 20		21 75		
1887	18 10	18 40	16 40							13 90		21 25		
1888	15 05									10 75		20 25		
1889	14 45									11 55		20 75		
1890	16 00			16 20	15 05	16 95	14 00	13 15	13 30	13 40		23 50		
1891	18 35			18 00	17 50	19 50	16 30	18 60	17 35	15 95		26 50	28 20	21 90
1892	14 05			15 10	15 10	16 55	13 90	18 00	16 55	12 40		23 25	25 15	19 65
1893	11 55			12 25	12 40	15 50	12 45	12 70	13 35	10 35		20 25	22 05	18 90
1894	9 75			9 25	9 20	13 25	8 85	9 50	9 75	10 15		18 25	18 75	17 00
1895	11 10			10 75	11 05	12 10	9 90	8 25	8 50	11 00		18 00	17 95	16 25
1896	12 05			12 45	12 65	13 15	11 40	8 40	8 30	10 40		19 00	20 00	17 25
1897	13 65			15 90	15 55	16 15	14 90	12 35	11 60	15 85		24 00	24 15	20 90
1898	17 10			18 10	16 80	17 75	17 05	16 00	15 15	17 70		26 00	27 85	23 80
1899	15 25			13 55	14 80	15 30	14 80	14 30	13 55	13 90		22 50	23 05	19 50
1900	14 40									11 15	19 40	21 25	22 60	
1901	14 50									12 65	18 20	20 75		19 48
1902	13 00			14 10	13 20	15 60	13 95	14 30	12 20	12 30	18 75	20 00		19 56
1903	13 10									13 80	19 20	20 33		19 00
1904	13 75									13 85		20 33		19 30
1905	15 00			16 60	14 00	15 80	15 45	15 10	15 20		19 65	21 37		21 15
1906	18 30			18 80	16 25	18 95	19 10	18 55	18 35	11 75	19 05	20 66		21 00
1907	21 75			20 05	18 85	22 00	20 40	19 80	19 80	15 45		21 00		21 00
1908	21 60			18 80	18 35	20 85	20 50	16 70	19 80		21 30	26 25		22 65
1909	16 75			17 15	15 90	18 45	17 75	14 20	16 60			27 25		24 08
1910														
1911												22 67		22 93

PRIX MOYEN ANNUEL, EN FRANCS, DU QUINTAL DE BLÉ
DANS DIVERS PAYS DU MONDE. (Suite.)

63

ANNÉES.	INDES BRITANNIQUES. PRIX DE GROS.			PRIX DE DÉTAIL.			JAPON. Moyenne générale.	CANADA. Prix d'exportation.	ÉTATS-UNIS. Prix moyen au port d'exportation.	Prix moyen à la ferme.	RÉPUBLIQUE ARGENTINE. Province de Buenos-Ayres.	Province de Santa-Fé.	Province de Cordoba.	Province de Entre-Rios.	AUSTRALIE. Nouvelles-Galles du Sud. Prix de gros.	Victoria. Prix à la ferme.
	Calcutta.	Delhi.	Karachi.	Calcutta.	Delhi.	Karachi.										
	2	3	4	5	6	7	8	9	10	11	12	13	14	15	16	17
	fr. c.	fr. c.	fr. c.	fr. c.	fr. c.	fr. c.	fr. c.	fr. c.	fr. c.	fr. c.	fr. c.	fr. c.	fr. c.	fr. c.	fr. c.	fr. c.
1850																
1851																
1852																
1853																
1854																
1855																
1856																
1857																
1858																
1859																
1860																
1861																
1862																
1863																
1864																
1865																
1866																
1867																
1868																
1869																
1870																
1871																
1872																
1873																
1874																
1875																
1876																
1877																
1878																
1879																
1880									21 15	18 10						
1881									22 05	22 65						
1882									21 50	16 75						
1883									20 35	17 30						
1884									16 40	12 20						
1885									16 55	14 65						
1886									16 95	12 95						
1887									16 20	12 95						
1888									17 15	13 50						
1889									15 80	13 15						
1890									17 70	15 80						
1891									19 60	15 80						
1892									15 25	11 80						
1893									12 75	10 30						
1894									11 05	9 30						
1895									12 35	9 50						
1896									14 25	13 70						
1897	18 00	17 00	14 80	21 60	17 00	20 00		12 85	16 65	15 40						
1898	14 60	9 80	13 60	15 40	12 20	15 60		10 55	14 25	11 05						
1899	13 80	12 00	15 80	14 80	12 00	14 60		13 60	13 70	11 05					12 85	9 55
1900	16 20	14 80	12 20	17 00	15 40	17 00	14 85	12 85	13 90	11 80	9 30	9 40	9 65	18 30	12 30	10 65
1901	16 80	12 60	13 20	17 60	13 00	15 00	13 35	12 85	13 90	11 80	»	»	»	»	12 10	10 65
1902	15 20	10 40	13 20	16 20	11 40	13 60	13 55	14 65	12 00	»	»	»	»	»	20 00	12 70
1903	13 40	11 20	13 20	14 40	11 40	12 20	17 50	13 00	15 40	13 15	»	»	»	»	23 35	26 50
1904	13 80	10 80	13 00	15 20	11 00	13 80	15 00	14 35	16 95	17 50	11 80	11 40	11 15	12 00	14 55	11 75
1905	15 00	13 40	14 40	14 60	13 40	15 00	10 30	15 45	15 60	14 23	»	»	»	»	15 50	13 05
1906	15 00	13 50	14 20	16 00	13 80	14 80	16 00	15 05	15 05	12 75	12 15	12 30	12 10	12 30	14 75	12 70
1907	18 40	16 00	15 80	19 00	15 60	16 20	18 80	14 35	15 85	»	12 10	12 10	12 10	12 10	17 40	12 15
1908	23 20	20 80	19 40	24 40	21 00	21 80	18 35	16 55	19 30	»	15 40	15 40	14 95	15 40	19 40	17 55
1909	20 80	17 00	19 20	21 60	18 60	20 80	19 40	17 65	19 30	»	15 40	16 50	16 20	16 50	21 60	16 70
1910							20 20	19 20	17 70	»	18 70	18 70	17 60	18 70		16 70
1911																